国家自然科学基金项目(51275328)资助
山西省自然科学基金项目(201901D111248)资助
山西省"1331"工程重点学科建设资助项目

机械结合面接触特性多尺度理论模型的研究

王颜辉　著

U0353320

中国矿业大学出版社

·徐州·

内容提要

本书阐述了机械结合面接触特性问题的研究概括及研究现状；从结合面多尺度接触的重要特征出发，研究了结合面多尺度微凸体加载-卸载过程接触特性理论模型，进行了仿真和有限元分析；提出了考虑多尺度微凸体硬度随变形量变化而变化时的接触特性理论模型；研究了考虑硬度变化时结合面加载、卸载过程多尺度接触特性分形理论模型并进行了仿真；研究了考虑摩擦因素时结合面加载、卸载过程多尺度接触特性分形理论模型并进行了仿真；研究了机械结合面动态特性参数的基本影响因素对机械结合面动态基础特性参数的影响规律和程度；提出了综合考虑硬度变化和摩擦因素影响两种因素时结合面接触特性多尺度分形理论模型的建模思想与方法；对机械结合面的阻尼机理进行了进一步的研究与探讨；对机床线轨滑台结合面进行了实验研究，给出了验证理论模型正确性的方法。

本书可供高等院校有关专业的教师、高年级学生、研究生以及工程技术人员参考使用。

图书在版编目(C I P)数据

机械结合面接触特性多尺度理论模型的研究 / 王颜辉著. —徐州：中国矿业大学出版社，2022.5

ISBN 978 - 7 - 5646 - 5322 - 4

Ⅰ. ①机… Ⅱ. ①王… Ⅲ. ①机械—结合面—接触结构—研究 Ⅳ. ①TH

中国版本图书馆 CIP 数据核字(2022)第 039532 号

书　　名	机械结合面接触特性多尺度理论模型的研究
著　　者	王颜辉
责任编辑	仓小金
出版发行	中国矿业大学出版社有限责任公司
	（江苏省徐州市解放南路　邮编 221008）
营销热线	(0516)83885370　83884103
出版服务	(0516)83995789　83884920
网　　址	http://www.cumtp.com　**E-mail**：cumtpvip@cumtp.com
印　　刷	徐州中矿大印发科技有限公司
开　　本	787 mm×1092 mm　1/16　**印张** 8.75　**字数** 224 千字
版次印次	2022 年 5 月第 1 版　2022 年 5 月第 1 次印刷
定　　价	52.00 元

（图书出现印装质量问题，本社负责调换）

前　言

　　结合面广泛存在于机床等各种机械结构中,其接触特性如接触载荷、接触面积、接触刚度、接触阻尼、摩擦等对机械结构静动态特性具有重要影响,开展其加载和卸载过程的接触特性建模与实验研究具有重要意义。针对现有研究存在的一些不足,本书从结合面多尺度接触的重要特征出发,首先研究了结合面多尺度微凸体加-卸载过程接触特性建模,并分别考虑了微凸体硬度随弹塑性变形变化以及摩擦因素的影响。在此基础上,基于结合面多尺度接触分形理论,分别建立了考虑硬度变化与摩擦因素影响的结合面接触特性多尺度分形模型,并进行了相应的仿真分析研究,进而通过线轨滑台实验模态分析验证了所建模型的正确性。本书建立的结合面接触加-卸载过程多尺度分形理论模型能够对结合面的接触、摩擦等问题的研究提供理论依据,对科学合理地描述结合面接触状态,建立更加准确的结合面动力学模型有重要意义。

　　本书是以作者的博士学位论文《结合面加卸载接触特性多尺度分形理论建模及验证》为基础,集作者多年来在结合面接触面积、接触载荷、接触刚度方面的建模研究成果而成,同时为了保持全书的系统性也吸收了国内外一些学者的观点和研究成果,并在参考文献中进行列出。

　　本书的主要研究内容受国家自然科学基金项目(51275328)、山西省自然科学基金项目(201901D111248)、山西省"1331"工程重点学科建设资助项目的资助。在此表示衷心感谢。

　　本书紧紧围绕结合面接触特性多尺度理论模型的建立,主要研究内容分为以下7部分:

　　1. 对结合面多尺度微凸体各变形阶段的临界变形进行定义,研究多尺度微凸体加-卸载过程弹塑性变形接触特性,建立不考虑硬度变化及摩擦因素影响情况下的多尺度微凸体加-卸载过程理论模型。

　　2. 构建基于微凸体加载过程第一、第二弹塑性变形机制的极限平均几何硬度函数,建立考虑接触表面硬度变化情况下多尺度微凸体加载过程接触面积、法向接触载荷、接触刚度的理论模型,进而建立考虑接触表面硬度变化的结合面加载过程多尺度分形理论模型并进行仿真分析,得到分形参数、材料属性、变形量对结合面加载过程接触特性产生的影响。

3. 引入微凸体卸载过程平均几何硬度系数和变形比 W,研究各变形阶段两者之间的关系。对考虑接触表面硬度变化时多尺度微凸体卸载过程接触面积、法向接触载荷进行了研究。

4. 法向接触刚度的理论模型进行研究,并与不考虑硬度变化时的相应结果进行对比和分析。对卸载过程结合面微凸体分布密度函数修正系数以及考虑硬度变化情况下的接触载荷修正系数进行研究,进一步建立考虑接触表面硬度变化的结合面卸载过程多尺度分形理论模型并进行仿真分析,得到结合面卸载过程接触特性的影响因素。

5. 对考虑摩擦因素影响情况下多尺度微凸体加、卸载过程接触特性进行研究并建立理论模型。研究摩擦系数、分形参数对多尺度微凸体加、卸过程法向接触载荷、接触刚度的影响状况。在此基础上针对不同尺度级数范围,引入考虑摩擦因素影响的结合面卸载过程各变形阶段的接触载荷修正系数,进而建立考虑摩擦因素影响的结合面加、卸载过程接触面积、法向接触载荷、接触刚度多尺度分形理论模型并进行仿真分析。

6. 利用有限元分析软件模拟得出了单个微凸体在加载和卸载过程中法向接触载荷和接触应力的变化情况,同时将微凸体材料的塑性特性通过多线性随动强化模型引入到了求解中,并将求解结果与本书建立的三种多尺度微凸体接触载荷理论模型进行对比,验证本书建立的考虑硬度变化、考虑摩擦因素影响的多尺度微凸体接触载荷理论模型的合理性。

7. 依据本书建立的考虑接触表面硬度变化和摩擦因素影响的两种结合面法向接触刚度多尺度分形理论模型,通过有限元分析软件 ANSYS,对 JNYOLRS250 系列型号为 LRS250×560 的线轨滑台建立简化模型并进行有限元模态分析,分别得出滑台两组模态分析的前 14 阶模态。另外,对该线轨滑台进行模态实验,获得前 8 阶实验模态,将理论模态与实验模态进行对比,验证本书建立的考虑硬度变化、考虑摩擦因素影响的结合面法向接触刚度分形理论模型的正确性。

　　结合面接触特性的研究是一个十分复杂的问题,至今仍是国际学术界研究的一个热点和难点问题,本书的出版以期为相关方面的研究提供一点借鉴。

　　由于作者学术水平所限,本书难免存在错误和不妥之处,敬请读者不吝赐教,对此作者不胜感激。

著　者

2022 年 1 月

目　　录

1 绪 论

本章首先给出了机械结合面的概念及其分类,在此基础上论述了机械结合面研究的意义,接着分析了这一研究的历史、现状,并指出了存在的问题。

1.1 引 言

机床及其他各种机械,为了满足各种功能、性能和加工要求以及运输商的方便,一般都不是一个连续的整体,而是由各种零部件按照一定的要求组合起来的,我们称零部件之间通过装配形成的相互接触的结合部位为机械结合面,简称"结合面"[1]。

从运动来看,结合面可分为三类:固定结合面、半固定结合面、运动结合面。

固定结合面是最为普遍的一种结合面,它主要起固定连接和支撑的作用。运动结合面是指相互连接的两个零部件之间在工作状态时存在宏观相对运动的结合面。半固定结合面则是指有时固定有时出现相对运动的结合面,如摩擦离合器的连接与接触等。

按照结合面的结构形状,结合面又分为平面结合面和曲面结合面。

机床结构中的箱体与床身的连接面,机架与机座的连接面;圆柱形的固定连接面,圆柱销的连接面,铆钉的连接面;锥面连接面,包括楔形连接面和圆锥形连接面等,都属于固定结合面。重要的固定结合面还有螺纹连接面,包括螺栓与机件的连接以及螺杆与螺母的连接这样两种连接面。焊接的连接面也是一种固定结合面。

运动结合面中最普遍的是滑动导轨和滚动导轨的连接面、轴承的连接面、丝杠与螺母或其他产生直线位移与角位移的运动机构的连接面,齿轮轮齿的啮合面等等也都属于运动结合面。

1.2 结合面研究的背景和意义

结合面在机械结构系统中大量存在,对于运动、载荷和能量的传递有着重要作用。例如数控机床中结合面的动态参数,对机床的刚度、阻尼、工作性能和稳定性有着直接的影响,是机床整体静、动态特性的薄弱环节。Levina 和 Resketov 指出,在机床总的静变形中,由各结合面引起的变形量高达 85%～90%,并且特别指出,在力封闭链上各连接部件之间,如果一个结合面刚度低,则其他构件的刚度再高也将失去意义[2]。Levina 的实验研究表明,对于车床,其溜板、刀架的变形量是机床总变形的 40%,而其中仅三个导轨结合面的变形就占了30%,也就是说,机床刀架、溜板结构中,结合面变形占其总体结构变形的四分之三之多[3]。而车床尾架变形的 60%～70% 是由其结合面引起的。普通立铣床中,工作台及升降台的变形占整机变形的 60%～70%,而其中的大部分变形则是由其结合面所引起的[4]。Tayler 曾发现,对于单臂龙门刨床,当刀架和立柱结合面被假设为完全刚性时,单臂龙门刨床的刚度可提高 39％[5]。

结合面问题本质上是两粗糙表面间的接触问题。由于粗糙表面在微观尺度下所呈现的形式是很多不同曲率半径、不同高度、分布杂乱而总体上又体现为自相似性分布特征的"微凸体"，结合面间相互接触时，接触面是不连续的，首先会发生在较高微凸体的顶部，导致真实接触面积只占名义接触面积的一小部分，造成较小的接触面积上承受较大载荷的状况，这样微凸体峰顶很容易产生接触变形[6-8]，从而导致结合面接触状态十分复杂，对结合面接触刚度、接触阻尼、摩擦、磨损、润滑、导电、导热等接触特性具有重要而复杂的影响，因此，研究结合面之间的接触变形行为和接触特性建模对于深入了解结合面接触特性机理具有重要意义[9]。

在机床或机械工作过程中，其结合面间的力不断发生变化，使得结合面处于反复受力的状态，从而引出结合面间的加载-卸载问题。当接触力不断地作用于结合面上，结合面间接触的微凸体会发生弹性、弹塑性、塑性变形甚至脱落，造成接触体与接触体间的接触出现破坏、压溃和润滑失效，从而影响零部件及机械的性能和使用寿命[10]。研究结合面间的加卸载接触模型与接触特性对于设计接触零件的表面承载能力、延长接触体表面的使用寿命、提高接触件的使用寿命和接触可靠性有着非常重要的作用[11]。实际工程结构表面都不会绝对光滑，宏观范围内体现为零件表面的划痕（如图 1-1 所示），微观尺度上体现为一系列的微凸体（如图 1-2 所示）。图 1-3 所示为三维结合面轮廓图。为了更好地对结合面的接触行为特性进行研究，必然要从微观层面来研究接触体之间的摩擦、磨损以及润滑等接触问题。

早在 1955 年就有研究发现实际工作中的结合面有多尺度特性，当表面任一部分被放大时，会有更小尺度的微凸体出现，这使得在一定测量条件时，采用统计学方法获得的结合面特性并不能很好地描述实际工作状态，而分形理论模型具有尺度独立性，能够更好地描述多尺度下的结合面接触特性。长期以来不乏针对结合面接触的研究，但是关于多尺度下结合面接触特性的研究中，尚未有考虑到接触材料的硬度随压下量变化而发生变化及接触过程中摩擦因素影响的情况，尤其是涉及到结合面加-卸载问题的分形模型的建立，研究尚不够充分。而在实际工程中，为了保证理论模型的计算结果与实际更加相近，需进一步考虑多方面因素对结合面加-卸载过程接触特性的影响，以进一步完善结合面加卸载过程接触理论模型。总之，结合面动态特性的研究无论是从理论上还是从实际应用上都具有十分重要的意义。

图 1-1　零件宏观表面[11]

图 1-2 显微镜下的结合面[11]

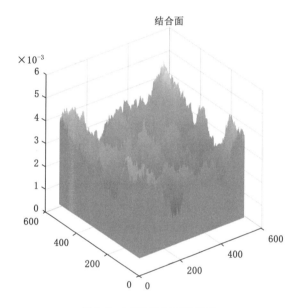

图 1-3 三维结合面轮廓图

1.3 结合面接触理论研究现状

最早说明结合面在一台机床整机性能中的重要作用是在 1939 年,德国柏林工业大学的 Kienzle 和 Kettner 在一篇关于比较铸造和焊接床身的论文中提到的[12],在 1956 年,苏联的 Reshetov 和 Levina 真正开始提出研究结合面[13]。之后世界各国众多学者投身于对粗糙表面与粗糙表面之间接触特性的研究中,并公开发表了大量的研究论文和研究报告,取得了相当多的研究成果。

研究工程实际中结合面的接触特性对于解决接触体的摩擦、磨损、润滑、黏着、导热和导电等相关问题有着非常重要的意义,也是目前摩擦学方向研究的热点问题之一[14-15]。关于结合面接触特性的研究诸如接触刚度、接触载荷等,各种接触模型也不断涌现出来,其中通过建立理论模型对结合面进行研究的方法最为多见,常见的结合面接触模型按大类可以分为:统计学模型、分形模型和有限元模型[16]。下面从以下几个方面对结合面的研究现状进行概述。

1.3.1 结合面统计学模型研究现状

最早期的统计学模型是 1966 年由 Greenwood 和 Williamson 针对承受法向载荷的机械

结合面基于统计学理论提出的粗糙表面与光滑刚性平面接触的模型——GW 模型,该模型建立了结合面实际接触面积与接触载荷之间的关系。GW 模型假设结合面所呈现出来的是一系列形状一定、最高点曲率半径相同的微凸体,且认为微凸体的高度分布为高斯分布。该模型认为结合面接触载荷和实际接触面积之间的关系与微凸体的变形无关,但该模型仅仅适用于发生弹性变形的微凸体,在后续的研究中得到了国内外许多研究者的改进[17-18]。

Greenwood 和 Tripp 将两个粗糙表面之间的接触问题等效简化成一个粗糙表面和一个绝对光滑刚性平面之间的接触问题,提出 GT 模型,通过将 GT 模型与经典赫兹接触模型进行对比得出:大载荷接触时两种模型计算出的接触压力具有近似一致性,而小载荷接触时两种模型的接触压力计算结果有较大差异[19]。Whitehouse 和 Archard 考虑到微凸体顶点处曲率半径和微凸体高度之间的相关性并经过实验验证,提出了一种新的统计学模型—WA模型,该模型是基于 GW 模型提出,且和 GW 模型的研究结果有一致性,但是 WA 模型只涉及到了微凸体的自相关长度和轮廓高度两个统计学参数,较 GW 模型更为简单[20]。Chang、Etsion 等根据微凸体发生非弹性变形时的体积守恒原理,建立了微凸体发生弹性变形和非弹性变形的接触统计学模型(CEB 模型),得到了不同塑性指数条件下单个微凸体真实接触面积与接触载荷的关系,但是该模型研究的是弹性和塑性变形的内容,未考虑到弹塑性变形阶段的问题,计算结果认为微凸体发生弹性变形时的接触刚度较发生塑性变形时更大[21]。

Y. W. Zhao、Maietta、Chang 在 GW 模型的基础上基于统计学理论建立了一种新的粗糙表面弹塑性接触模型(ZMC 模型),该模型解决了 GM 模型在微凸体由弹性变形过渡到塑性变形的过程中的不连续性,建立了一种描述粗糙表面从弹性变形到完全塑性变形过渡阶段的弹塑性接触力学模型,显示了微凸体的弹塑性接触在粗糙表面的微观接触行为中的重要地位,ZMC 模型提出微凸体在变形初期为弹性变形,载荷逐渐增大时会依次过渡为弹塑性变形、完全塑性变形,该模型相比 GW 模型和 CEB 模型能够更加完整地描述结合面的力学行为[22]。

Kadin 等基于单个微凸体弹塑性接触变形的有限元分析结果,建立了一种结合面在单次加-卸载循环周期内的统计学理论模型。该模型研究了结合面单次加-卸载过程的力学特性,得到了加-卸载过程结合面接触面积和接触载荷的理论模型,并获得了两者的关系曲线。该研究表明,接触载荷一定时,加载过程和卸载过程中结合面实际接触面积不同,且前者小于后者,卸载过程结合面微凸体分布密度函数和加载过程不同[23-24]。

赵永武等假设微凸体在加载时会依次发生弹性、弹塑性、完全塑性变形且认为该过程是连续光滑的,得到了一种微凸体发生弹塑性变形时的统计学接触模型[25]。Liou 和 Lin 在赫兹接触理论的基础上对微凸体发生弹性变形、弹塑性变形、塑性变形时的密度分布函数进行重新定义,研究圆柱形粗糙表面与刚性平面之间接触的接触特性,建立了结合面接触力学统计学模型,并对结合面的法向接触载荷和实际接触面积进行了分析[26-27]。Xu 和 Jackson 假定一刚性平面与一个线性的、均匀的、各向同性的空间球体接触,且接触过程有弹塑性变形发生,建立了该情况下的统计学理论模型,得出了接触压力对真实接触面积与名义接触面积比值的影响状况[28]。

Song 等对微凸体之间的相互作用进行研究,提出了一种计及微凸体相互作用影响的结合面间弹塑性接触统计学模型。该模型解决了传统的统计模型中忽略了微凸体之间相互作用的问题,从而使计算结果与实际更加贴合。该统计学模型获得了更贴合实际的结合面接触载荷和实际接触面积之间的关系[29]。李玲等基于微凸体发生弹性变形、弹塑性变形、完全塑性变形各阶段的连续性,对单个微凸体发生弹塑性变形时的接触刚度理论模型进行研究,使得单个微凸体在各变形阶段之间满足接触刚度的连续性,在此基础上建立了结合面接触刚度统计学理论模型[30-31]。另外,在上述统计学模型的基础上仍有不少研究人员进行完善扩展,诸如考虑摩擦因素影响的研究、考虑微凸体之间相互作用的研究、考虑接触滑移的研究等等。以上结合面的接触模型对于进行结合面接触力学特性的研究以及工程实际中问题的解决具有不可或缺的重要意义,但同时也具有一定的局限性,仍需要逐渐进行完善。统计学模型用来表征结合面表面形貌而采用的参数,如微凸体高度、曲率半径均是尺度相关的,这些统计参数的值很大程度上与粗糙度测量仪的分辨率、滤波器的精确度或采样的长度有关,因此采用统计学接触模型得到的分析结果不具有唯一性[32-34]。

1.3.2　结合面有限元接触模型研究现状

目前有不少学者在结合面的研究中利用计算机进行数值仿真计算,例如借助 ANSYS 以及 ABAQUS 等有限元分析软件来解决微凸体之间的接触问题,进而得到结合面之间的接触力学特性,对于解决结合面之间接触载荷、接触面积、接触应力等问题有一定的实际意义。

Komvopoulos 和 Choi 利用有限元分析方法对圆柱形微凸体与弹性半无限体平面之间的接触问题进行研究,相对于理论模型来讲更加简便和直观,但是该方法仅考虑了解决弹性变形接触状态的问题,并未提及弹塑性以及塑性变形的情况[35]。Kucharski 等[36]和 Vu-Quoc 等[37]均考虑到微凸体的塑性变形,建立了一种单次加载过程可变形微凸体由弹性变形到塑性变形过渡的有限元模型。Etsion 等建立了单个球形微凸体与刚性平面接触时的有限元理论模型,分析研究了微凸体在加-卸载过程中的弹性、弹塑性和塑性变形及其恢复特性,得到了微凸体在加-卸载过程中接触载荷与接触面积之间的关系[38-39]。Jackson 和 Green 提出了 JG 模型,该模型认为单个微凸体在加载过程中,随变形量变化几何形状发生变化,对其硬度会产生影响,建立了一种相似的有限元分析模型,分析给出了单个微凸体法向接触载荷和接触面积关于接触变形的经验公式[40]。Kadin 等将 Etsion 的结论应用到整个结合面,基于线弹性各向同性材料和屈服准则,建立了一种单次加-卸载过程结合面弹塑性变形的有限元模型[23-24]。Shankar 和 Mayuram 通过建立模型分析了结合面从弹塑性向完全塑性变形变化时法向接触载荷较大情况下切向模量和屈服强度对接触材料的影响[41]。梁春通过实验得到结合面形貌特性数据并进行数据处理,建立结合面三维模型,利用有限元分析方法对不同粗糙度的结合面在各变形状态下的接触力学特性进行了分析[42]。

Sahoo 等建立了球体与刚性平面接触时发生弹塑性变形时的理论模型,利用有限元分析软件分析具有应变硬化性质的单个球形微凸体在不考虑摩擦和黏着性时与完全刚性平面的接触特性,且通过分析研究得出如下结论:结合面的硬度系数对接触力学性能的影响较大,但未给出结合面接触载荷和接触面积随应变硬化变化的通用经验公式[43]。翟钰、王崴、肖强明等建立了结合面多尺度的微观接触有限元分析模型,分析了结合面在接触过程中弹塑性接触变形特性、粗糙度参数对结合面接触力学特性的影响、各接触参数之间的相互关系以及多尺度的结合面接触特性,并对接触计算过程中出现的问题进行了优化[44]。赵波等利用有限元方法,基于结合面的不同材料特性,建立了不同材料弹塑性变形时单个微凸体的接触理论模型,给出了单个微凸体接触的经验公式,得出了微凸体发生弹性变形、第一弹塑性变形、第二弹塑性变形以及完全塑性变形之间的临界变形量,并对其临界值进行了求解[45]。赵滨基于有限元方法,建立刚性平面与幂次硬化弹塑性材料的微凸体进行接触时的法向和切向接触理论模型,并分别研究了加-卸载过程中微凸体的接触载荷、接触面积、接触应力等接触特性,利用有限元分析软件拟合得到对应接触参数的经验公式[46]。

1.3.3　结合面分形接触模型研究现状

在对粗糙表面的轮廓线进行反复放大时,能够观察到纳米级甚至更小的微凸体不断增多的细节,表现为粗糙表面轮廓在不同放大倍数时具有结构相似性,也就是说粗糙表面具有统计自仿射分形特征,我们可以用分形几何理论来描述粗糙表面的这一特征,而这种具有尺度不相关性的分形特性,可以描述粗糙表面上所有尺度范围内的全部微观形貌信息,分形理论由此被提出,于是众多学者研究表面微观形貌所有尺度上的特征时利用具有尺度独立性的分形几何理论,随之对分形几何理论对结合面接触特性的影响进行研究。

分形模型最早是 1991 年由 Majumdar 和 Bhushan 基于 Weierstrass-Mandelbrot 函数(简称 W-M 函数)提出的结合面接触模型(简称 MB 接触模型),该模型认为接触面积小于临界接触面积的微凸体为塑性接触,随着载荷增大,微凸体的变形由塑性变形转变为弹性变形,但是对单个微凸体的弹塑性变形并未考虑。MB 模型在描述结合面轮廓曲线方面不同于传统的统计学模型,是将每个微凸体的顶点曲率半径和变形量分别进行描述,使得每个微凸体在接触过程中的特性各有不同,将微凸体接触变形明确区分为弹性和非弹性变形,与经典赫兹接触理论和海洋岛屿面积分布规律相结合得出结合面实际接触面积与结合面接触载荷之间的关系[47-49]。

在后续的研究中,诸多学者基于 MB 分形模型提出了很多种新的分形模型,进而对结合面接触力学特性描述得更加准确。Wang 等引入了区域扩展系数对 MB 模型中的微凸体面积分布密度函数进行修正,得到了 MB 接触修正模型,更加合理地描述了结合面真实接触面积,将微凸体的接触变形分为:弹性变形、弹塑性变形、完全塑性变形三个阶段,并对各个变形阶段微凸体的接触载荷、接触面积分别进行了分析[50-51]。Yan 和 Komvopoulos 基于分形理论利用 W-M 函数建立了结合面三维接触特性分形理论模型,对结合面接触载荷的影响因素进行研究,得到微凸体在弹性变形阶段和塑性变形阶段接触载荷与变形量之间的关系以及结合面接触面积和接触载荷之间的关系模型,但该模型忽略了微凸体发生弹塑性变形阶段时的情况且认为微凸体发生变形的顺序是先发生塑性变形再发生弹性变形[52]。Chung 和 Lin 等基于分形理论,对椭圆形微凸体的接触力学特性进行研究,建立了一种基于弹塑性变形的椭圆形微凸体接触理论模型[53]。Morag 等基于分形理论对单个微凸体在弹塑性接触时的接触特性进行研究并建立了理论模型,证明微凸体从弹性变形到塑性变形的顺序以及微凸体临界接触面积的尺度相关性,并解释了 MB 模型提出的微凸体在载荷作用下发生变形的顺序是由塑性变形到弹性变形的原因,最后得出单个微凸体接触载荷与变形的关系,但并未获得整个结合面的实际接触面积与接触载荷的关系[54]。温淑花、张学良等考虑结合面分形区域扩展因子的影响,分别建立了法向、切向接触刚度分形理论模型,并得出了各分形参数对结合面接触刚度的影响[55]。张学良等基于微凸体的弹性、弹塑性、完全塑性三个变形阶段,对各个阶段结合面的接触特性进行研究,考虑到结合面法向接触特性与切向接触特性的不同以及结合面形貌特征,建立了结合面法向和切向接触刚度、接触阻尼分形理论模型[56-57]。尤晋闽和陈天宁建立了结合面法向接触刚度分形模型,并将结合面法向接触刚度与分形参数、材料属性以及接触载荷建立关系[58]。田红亮等在各向异性分形理论的基础上,研究了固定结合面法向接触特性并建立了分形理论模型,分析了相关分形参数对结合面法向接触刚度、接触面积的影响情况[59]。缪小梅等对面-面接触的微凸体弹塑性变形接触力学特性进行研究,建立了结合面接触力学分形理论模型,对结合面的粗糙度系数、分形维数对接触面积等的影响进行了分析和阐述[60]。张学良等基于分形理论,根据阻尼耗能机理,建立了一种计算结合面法向接触阻尼的分形理论模型,并研究了接触阻尼及阻尼耗损因子与法向接触载荷、分形维数之间的关系。另外,张学良等基于分形理论对结合面间接触的切向阻尼进行了研究,建立了结合面切向阻尼能量耗散模型[61-62]。Miao 等建立了尺度相关的结合面接触分形理论模型,对结合面总的实际接触面积和接触载荷有了更明确的描述,分析了各分形参数对计算结果的影响,但在该研究中提到的微凸体的变形顺序与经典赫兹理论有所不同[63]。丁雪兴等基于分形理论,考虑微凸体的变形特性及摩擦因素的影响,建立了与基底长度有关的微凸体接触分形理论模型,得出单个微凸体临界接触面积与其基底长度有关的结论,并研究了结合面接触载荷和实际接触面积与分形参数之间的关系[64]。Yuan 等基于分形理论提出了一种改进的结合面弹塑性接触 MB 模型。该模型得出结论,随着接触载荷和接触面积的增加,微凸体依次发生弹性变形、弹塑性变形、完全塑性变形,并提出了一种求解结合面总接触载荷、实际接触面积的分形理论模型[65],然而,该模型并未考虑到结合面材料的应变硬化现象(即粗糙表面材料硬度呈现为一个随变形量变化而发生变化的函数并不是一恒定值)。陈虹旭等认为微凸体初始的顶端曲率半径唯一受微凸体本身尺度的影响,而不随微凸体变形量的变化而变化。推导出了微凸体尺度系数,建立了一种结合面法向接触刚度分形理论模型,并进行了实验验证[66]。谭文兵等考虑单个微凸体加载过程中法向上的压缩变形,应用极限思维方式,建立了单个微凸体弹性、弹塑性变形阶段法向接触载荷、接触刚度分形理论模型,进而得到结合面接触刚度理论模型,并进行实验验证[67]。

1.4　结合面接触特性研究现状

机床的性能受到机床中所包含的各种结合面的静、动态特性的显著影响,要分析这些因素的影响,就必须搞清构成结合面的构件的变形以及结合面上的压力分布状况。而要计算这些值就不仅要考虑结合面的变形,而且还要考虑到结合面周围的构件的变形。因此,结合面的研究首先是从结合面的静态特性开始的,而最早则是在苏联于 20 世纪 50 年代对各种滑动导轨和铸铁固定结合面的静态特性所进行的测定[68]。关于结合面静态特性的研究较多,相比起来结合面动态特性的研究要困难得多[69],考虑本书所研究的主要内容,下面从以下四方面的研究现状进行概述。

1.4.1　结合面加-卸载方面的研究现状

Lin 等对具有黏弹性的单个微凸体与刚性平面之间的接触进行研究,建立其加-卸载过程中接触面积和接触载荷的理论模型[70]。Kadin 等对结合面加-卸载过程进行研究,得出结论:微凸体的高度分布函数因微凸体在加-卸载过程中产生残余应力而发生变化,导致单次加载-卸载过程中,微凸体加载过程的实际接触面积比卸载过程实际接触面积小,而残余应力的产生与微凸体的塑性变形有关。另外该研究还拟合出了一组微凸体残余变形量、加-卸载接触载荷、实际接触面积与微凸体实际变形量之间的关系式[23-24]。Ovcharenko 等对发生弹塑性变形的微凸体与刚性平面接触时的加-卸载过程进行了实验研究,该实验分别在粘着条件及无摩擦两种情况下进行,获得了微凸体弹塑性变形状态时加-卸载过程中的实际接触面积,实验中粗糙表面的材料选择的是铜和不锈钢,刚性平面的材料为蓝宝石[71]。Y. Zait等利用有限元方法对卸载过程中弹塑性球在黏着接触条件下的接触力学特性进行了分析。对接触区域的正应力、剪应力的分布状况、球面的残余轮廓、球面内的残余应力进行了研究并总结,拟合出了结合面卸载过程中残余变形量、实际变形量与实际接触面积之间关系的经验表达式,通过对比滑动接触以及黏着接触两种条件下的卸载结果,可以看出两种情况下微凸体变形和载荷之间的关系相差不大,接触面积-接触载荷曲线却有显著差异[72]。B. Zhao等研究了幂次硬化材料的弹塑性球体与刚性平面在完全黏性条件下的接触,并利用商业有限元软件 ANSYS 研究了预滑移阶段循环切向加载过程的接触行为。考虑材料应变硬化指数 n 的影响,获得了结合面切向力、耗散能、弹塑性变形和接触面积等接触特性[73]。傅卫平等基于已有的微凸体加-卸载模型,对结合面的接触状态进行研究,建立了结合面静态法向加-卸载统计接触力学行为模型,进而获得了结合面法向动态接触刚度及阻尼统计学模型。但其所建立的模型没有考虑微凸体的相互作用、各向异性、双粗糙表面及侧向接触等情况下获得的[74]。陈建江等基于弹塑性变形机制对结合面加-卸载过程进行研究,得出了单个微凸体处于各变形阶段的临界条件,针对微凸体的各变形阶段分别研究卸载过程接触特性,得到整个结合面总的接触载荷分形理论模型,进而求得结合面接触载荷与实际接触面积之间的关系[75]。

1.4.2 考虑摩擦因素、表面硬度变化影响的结合面接触特性研究现状

机床或机器工作时,其结构中的结合面受到载荷作用,结合面及其之间的微凸体处于反复的加载-卸载状态,其接触行为与接触特性对机械结构具有重要的影响。实际工程中的结合面都不是完全光滑的,存在摩擦、磨损的问题,摩擦因素对结合面接触特性的影响不可忽视,然而很多模型研究提出的前提假设是不考虑摩擦因素的影响[19-21]。

V. Brizmer 等研究了接触条件和结合面材料特性对弹性球接触的影响,分别研究了黏性状态和滑移状态对微凸体塑性屈服和脆性破坏的影响情况,并进行了对比。根据其研究结果,微凸体的临界变形量、临界载荷和初始屈服值三个参数在黏性状态下均较相应的滑移状态下偏低。在黏性状态下和在滑移状态下初始屈服值非常接近,但是当微凸体处于黏性状态下其切向应力与泊松比成反比。微凸体在滑移状态下,初始破坏会发生在接触区域的边缘处,而在黏性状态下,初始破坏会发生在接触区域之外。对于韧性和脆性材料而言,在完全黏性状态下临界变形量和临界载荷的比值高于完全滑移状态下两者的比值。微凸体在黏性状态和滑移状态下载荷-变形关系相似,载荷均与变形量的 3/2 次方成正比[76]。

Liu 等基于分形理论研究了考虑摩擦因素的结合面法向接触刚度模型,建立更加合理的结合面法向接触刚度模型。该理论模型分析了分形参数对结合面法向接触刚度的影响:分形维数 $D<2.6$,法向接触刚度与分形维数成反比;分形维数 $D>2.6$,法向接触刚度与分形维数成正比;法向接触刚度随着轮廓尺度参数的增加而减小[77]。Chen 等建立了考虑摩擦因素的圆柱结合面、两球形结合面法向接触刚度模型,根据研究结果可知两种结合面接触

载荷-接触刚度之间的关系均与分形参数有关[78-79]。李小彭等从动力学的角度建立考虑摩擦因素的结合面接触分形模型并研究了摩擦因素对结合面接触特性的影响情况,讨论和分析了结合面法向接触刚度以及法向接触载荷与实际接触面积、结合面摩擦因素、分形维数的关系[80-84]。

硬度作为表征材料弹性、塑性、强度和韧性等力学性能的重要指标,其值的变化与否直接关系到计算的准确性。根据应变硬化准则,在载荷作用下,随着微凸体变形量的增大,其变形后的平均硬度值会有所增大。塑性变形程度增大,加工硬化及位错强化程度增大,表现为材料的硬度增大。

Mesarovic 和 Fleck 利用数值方法研究了无摩擦和黏着条件下刚性微凸体与半弹性空间的接触,考虑了接触条件和材料应变硬化对微凸体各变形阶段的接触特性和影响因素进行研究[85]。Jackson 等利用软件 ANSYS 对微凸体接触进行有限元分析,得出结论:当微凸体的变形量增大时其硬度不是一成不变的,而是会随变形量变化而变化[38]。田红亮等基于对分形理论和传统统计学理论,考虑了微凸体从弹性变形到弹塑性变形再向完全塑性变形的过渡规律,同时考虑到微凸体材料在弹塑性变形阶段其硬度随表面深度的变化而变化,对单个微凸体弹塑性变形接触特性进行研究,进一步修正了 CEB 模型,进而建立了一种结合面单次加载模型,获得了结合面法向接触载荷与实际接触面积间的关系。然而该模型对微凸体弹塑性变形阶段的描述仅考虑了从弹性到弹塑性、弹塑性到完全塑性的过渡过程,对微凸体处于弹塑性变形阶段时的接触特性描述很少[86]。王庆朋等根据表面微凸体的连续性、单调性和光滑性原理提出了一种新的结合面混合弹塑性接触模型。该模型在两球体初始接触时,考虑了较小微凸体发生塑性变形的情况,同时考虑到较大变形量时微凸体的应变硬化现象,并将微凸体弹性和塑性接触状态扩展到整个接触面,通过与实验结果和其他接触模型进行对比,验证了该模型的有效性[87]。

1.4.3 结合面接触刚度研究现状

杨红平等将接触力学与分形理论结合起来,对微凸体各个变形阶段的接触刚度进行研究,得到了一种与塑性指数有关的结合面法向接触刚度模型,分析了法向接触刚度与法向接触载荷之间的关系,并进行了验证[88]。田红亮等认为在计算微凸体切向接触刚度时,应考虑发生塑性变形的微凸体不能承受切向载荷这一点,即计算弹性切向刚度时将切向接触刚度设为有条件等式。在此基础上提出了微凸体临界接触状态,进而针对结合面建立了一种考虑各向异性的切向接触刚度分形理论模型,分析得出了分形参数与切向接触刚度之间的关系[89]。蔡力钢等利用螺栓结合面法向静态刚度、被连接段刚度和螺栓连接部刚度之间的关系,得出螺栓结合面法向接触刚度非线性特性曲线。该研究通过螺栓连接法向拉伸实验获得螺栓结合部静态刚度,从而得出适用于不同材料和尺寸的被连接段接触刚度的解析式,根据所得数据拟合出螺栓结合面法向接触刚度特性曲线[90]。党会鸿等基于分形几何理论,研究结合面接触过程中单个微凸体各临界变形量和最高点处曲率半径,建立单个微凸体接触刚度理论模型,进而建立考虑临界变形量不是恒定值时的结合面法向接触刚度分形理论模型[91]。李小彭等在 M-B 模型基础上进行研究,考虑微凸体发生弹塑性变形的情况,建立了结合面法向接触刚度三维分形理论模型,分析了分形参数对法向接触刚度的影响,对比了二维分形模型和三维分形模型,并验证了该研究的合理性[92]。王雯等基于机械结合面实际工作状态,考虑到结合面动态条件下和静态时的接触刚度并不相同,对单个微凸体由弹性变形到弹塑性变形再到塑性变形的过程进行分析,建立各变形阶段单个微凸体接触刚度理论模型,从而建立结合面动态条件下的接触刚度模型,并对动态接触刚度与接触载荷之间的关系进行分析,研究结合面动态接触刚度与静态接触刚度的区别[93]。田小龙等基于KE模型建立了一种考虑微凸体之间相互作用的接触刚度模型,并利用数值迭代方法进行求解。该文献研究了不同塑性指数下微凸体之间的相互作用对微凸体的接触载荷、接触面积、接触刚度的影响,进而建立了考虑微凸体相互作用影响的结合面接触刚度模型,并与ZMC模型进行分析比较。研究结果表明,考虑微凸体之间相互作用的接触面积、接触刚度与未考虑时差异明显,且该差异与塑性指数成反比[94]。阮晓光等基于W-M分形函数,建立结合面分形理论模型,并对所建模型进行了有限元分析,分别得出结合面法向接触刚度、切向接触刚度与接触载荷之间的关系[95]。Z. Q. Gao等考虑到法向接触的微凸体在弹塑性变形、完全塑性变形时的切向接触关系,建立结合面法向接触刚度和接触阻尼分形理论模型。该文章计算了单个微凸体在加-卸载过程中法向接触载荷与变形量之间的关系,从而得到微凸体之间的应变能量耗散和摩擦耗能以及整个结合面的能量耗散,并进行了实验验证[96]。R. Q. Wang等基于分形几何理论,提出了一种考虑微凸体之间相互作用的法向接触载荷、接触刚度和接触面积分形理论模型,研究了微凸体之间相互作用对接触刚度的影响,对影响微凸体接触刚度的因素进行了对比,探讨了提高接触刚度的方法[97]。王润琼等基于分形几何理论,对单个微凸体加载过程发生弹性变形时的特性进行分析,基于域扩展因子建立一种与微凸体之间相互作用有关系的结合面接触刚度分形理论模型,该模型与各变形阶段的临界接触面积有关,并进行了实验验证[98]。

1.4.4 结合面接触特性多尺度模型研究现状

史建成等提出了一种粗糙表面接触特性多尺度下的研究方法,构建了粗糙表面多尺度确定性接触模型,得到粗糙表面在各个尺度下接触面积和接触载荷之间的关系,并对粗糙表面接触行为与不同材料屈服强度之间的关系进行分析[99]。杨成等基于多尺度理论对栓接结合面接触刚度模型进行研究,得出结合面接触面积与尺度级数的关系,进一步得到结合面总接触刚度模型,并分析了接触载荷、多尺度参数对结合面接触刚度的影响情况[100]。Armand等提出了一种多尺度分析方法来研究粗糙表面结合部粗糙度对接触载荷以及接触刚度的影响,得到结合面在不同粗糙度时的非线性动态响应[101]。Zhao等提出了一种基于分形理论表征滚珠丝杠副球形滚道粗糙表面的新方法,并识别了滚珠丝杠副和螺母滚道的分形参数。建立了滚道表面微凸体的分形接触模型。在考虑摩擦系数的情况下,建立了滚珠丝杠副在三种状态下的法向接触载荷理论模型。基于滚珠载荷分布模型和多尺度接触载荷模型,建立了滚珠丝杠副精度损耗模型,并进行了实验验证[102]。Pan等为了从微观多尺度分形结合面形貌的角度研究摩擦自激振动系统的稳定性和非线性特性,建立了盘式制动器最小二自由度的理论模型。考虑到粗糙表面结合部形貌的分形特征,从微观接触的角度将接触表面的分形接触刚度引入系统模型,并研究了两种重要的表面分形参数:分形维数 D 和分形长度尺度参数 G 的影响,分析了系统的稳定性和非线性[103]。

综上所述,研究结合面接触特性的精确建模在机械结构设计、优化、产品使用性能等方面都有着非常重要的意义,近年来,有关结合面接触特性问题的研究已成为众多学者关注的热点,国内外涌现出不少相关研究成果,但是研究结果往往或多或少存在一定的局限性[104-108]。通过阅读文献了解到,首先,微凸体接触随着变形的增大依次发生弹性变形、弹塑性变形、完全塑性变形,且各变形阶段之间有临界值,但目前关于临界值的研究尚有不确定性,研究不同尺度级数时微凸体接触各变形阶段的临界值非常有必要[109-114]。其次,工程实际中粗糙表面结合部具有多尺度的特性,然而在以往结合面接触特性的研究中却往往忽略了此特性,分形理论模型具有尺度独立性,研究结合面接触特性多尺度分形理论模型能够更加准确地描述多尺度下的结合面接触特性[115-117]。最后,目前关于结合面接触特性的众多研究中考虑了摩擦因素的影响、微凸体之间的相互作用、切向力等的影响。然而在多尺度情况下,对结合面接触特性的研究中几乎都忽略了接触表面硬度变化以及摩擦因素的影响[118-119]。而结合面弹塑性变形阶段的接触特性与接触表面硬度以及摩擦因素有关,因此研究考虑硬度变化以及摩擦因素影响情况下弹塑性变形阶段结合面接触特性多尺度模型有重要的意义。研究结合面加-卸载接触特性多尺度分形理论建模对今后研究结合面反复加-卸载过程的接触行为有重要的参考价值,对更加科学合理地描述结合面接触状态有实际意义,精确的结合面的动力学模型对于分析机械结构的动力学特性非常重要,因此建立加-卸载过程结合面接触特性多尺度分形理论模型意义重大[120-121]。

1.5　本章小结

本章阐述了课题的研究背景和研究意义,介绍了结合面接触特性三种常见模型:统计学模型、分形理论模型、有限元模型的国内外研究现状及各自特点;分别对结合面加-卸载过程接触特性、考虑摩擦因素影响和考虑接触表面硬度变化时的结合面接触特性、结合面接触刚度、结合面接触特性多尺度模型的研究现状进行阐述。

参考文献

[1] ZHAO B, ZHANG S, WANG P, et al. Loading-unloading normal stiffness model for power-law hardening surfaces considering actual surface topography[J]. Tribology International, 2015, 90: 332-342.

[2] R H THORNELY, M R H KHOYI. The Significance of Joints and Their Orientation upon the Overall Deformation of Some Machine Tool Structure Elements[J]. M. T. D. R., 1970.

[3] LEVINA Z M. Research on the static stiffness of joints in machine tools Proc. 8th Confer[J]. M. T. D. R., 1967.

[4] 伊东谊. 考虑结合部的机床设计现状和实例[J]. 机床译丛, 1978: 37-41.

[5] (英)F. 柯尼希贝格等(F. Koenigsberger)著, 金希武等译. 机床结构[M]. 北京: 机械工业出版社, 1982.

[6] 张学良. 机械结合面动态特性及应用[M]. 北京: 中国科学技术出版社, 2002.

[7] (德)瓦伦丁 L. 波波夫著. 李强, 雒建斌译. 接触力学与摩擦学的原理及其应用[M]. 北京: 清华大学出版社, 2011.

[8] 温淑花. 结合面接触特性理论建模及仿真[M]. 北京: 国防工业出版社, 2012.

[9] 温淑花,张学良,武美先,等.结合面法向接触刚度分形模型建立与仿真[J].农业机械学报,2009,40(11):197-202.

[10] GAO Z Q,FU W P,WANG W. Normal contact damping model of mechanical interface considering asperity shoulder-to-shoulder contact and interaction[J]. Acta Mechanica,2019,230(7):2413-2424.

[11] 陈建江.粗糙表面加-卸载接触性能研究[D].西安:西安理工大学,2018.

[12] Kienzle, Kettner H. Werkstattstechnik Wersleiter. 1939(9).

[13] Reshetov D. N. , Levina Z. M. Mashinostroyeniya. 1956(3).

[14] 成雨,原园,甘立,等.尺度相关的分形粗糙表面弹塑性接触力学模型[J].西北工业大学学报,2016,34(3):485-492.

[15] 成雨.三维分形表面的接触性能研究[D].西安:西安理工大学,2017.

[16] KOGUT L,JACKSON R L. A comparison of contact modeling utilizing statistical and fractal approaches[J]. Journal of Tribology,2006,128(1):213-217.

[17] J A GREENWOOD, J WILLIAMSON. Contact of nominally flat surfaces[J]. Mathematical, Physical and Engineering Sciences, 1966, 295(1442):299-319.

[18] GREENWOOD J A,TRIPP J H. The contact of two nominally flat rough surfaces[J]. Proceedings of the Institution of Mechanical Engineers,1970,185(1):625-633.

[19] GREENWOOD J A,TRIPP J H. The elastic contact of rough spheres[J]. Journal of Applied Mechanics,1967,34(1):153-159.

[20] The properties of random surfaces of significance in their contact[J]. Proceedings of the Royal Society of London A Mathematical and Physical Sciences,1970,316(1524):97-121.

[21] CHANG W R,ETSION I,BOGY D B. An elastic-plastic model for the contact of rough surfaces[J]. Journal of Tribology,1987,109(2):257-263.

[22] ZHAO Y W,MAIETTA D M,CHANG L. An asperity microcontact model incorporating the transition from elastic deformation to fully plastic flow[J]. Journal of Tribology,2000,122(1):86-93.

[23] KADIN Y,KLIGERMAN Y,ETSION I. Unloading an elastic-plastic contact of rough surfaces[J]. Journal of the Mechanics and Physics of Solids,2006,54(12):2652-2674.

[24] KADIN Y,KLIGERMAN Y,ETSION I. Multiple loading-unloading of an elastic-plastic spherical contact[J]. International Journal of Solids and Structures,2006,43(22/23):7119-7127.

[25] 赵永武,吕彦明,蒋建忠.新的粗糙表面弹塑性接触模型[J].机械工程学报,2007,43(3):95-101.

[26] LIOU J L,LIN J F. A modified fractal microcontact model developed for asperity heights with variable morphology parameters[J]. Wear,2010,268(1/2):133-144.

[27] LIOU J L,TSAI C M,LIN J F. A microcontact model developed for sphere- and cylinder-based fractal bodies in contact with a rigid flat surface[J]. Wear,2010,268(3/4):431-442.

［28］XU Y,JACKSON R L,MARGHITU D B. Statistical model of nearly complete elastic rough surface contact[J]. International Journal of Solids and Structures,2014,51(5)：1075-1088.

［29］SONG H,VAKIS A I,LIU X,et al. Statistical model of rough surface contact accounting for size-dependent plasticity and asperity interaction[J]. Journal of the Mechanics and Physics of Solids,2017,106:1-14.

［30］李玲,云强强,王晶晶,等.具有连续光滑特性的结合面接触刚度模型[J].机械工程学报,2021,57(07):117-124.

［31］李玲,裴喜永,史小辉,等.混合润滑状态下结合面法向动态接触刚度与阻尼模型[J].振动工程学报,2021,34(2):243-252.

［32］SAYLES R S,THOMAS T R. Surface topography as a nonstationary random process[J]. Nature,1978,271(5644):431-434.

［33］A. P. Thomas,T. R. Thomas. Engineering surface as fractals,fractal aspects of materials[J]. Pittsburgh：Materials Research Society，1986;75-77.

［34］KONG X X,SUN W,WANG B,et al. Dynamic and stability analysis of the linear guide with time-varying,piecewise-nonlinear stiffness by multi-term incremental harmonic balance method[J]. Journal of Sound and Vibration,2015,346:265-283.

［35］KOMVOPOULOS K,CHOI D H. Elastic finite element analysis of multi-asperity contacts[J]. Journal of Tribology,1992,114(4):823-831.

［36］KUCHARSKI S,KLIMCZAK T,POLIJANIUK A,et al. Finite-elements model for the contact of rough surfaces[J]. Wear,1994,177(1):1-13.

［37］VU-QUOC L,ZHANG X,LESBURG L. A normal force-displacement model for contacting spheres accounting for plastic deformation:force-driven formulation[J]. Journal of Applied Mechanics,2000,67(2):363-371.

［38］KOGUT L,ETSION I. Elastic-plastic contact analysis of a sphere and a rigid flat[J]. Journal of Applied Mechanics,2002,69(5):657-662.

［39］ETSION I,KLIGERMAN Y,KADIN Y. Unloading of an elastic-plastic loaded spherical contact［J］. International Journal of Solids and Structures,2005,42(13):3716-3729.

［40］JACKSON R L,GREEN I. A finite element study of elasto-plastic hemispherical contact against a rigid flat[J]. Journal of Tribology,2005,127(2):343-354.

［41］SHANKAR S,MAYURAM M M. Effect of strain hardening in elastic-plastic transition behavior in a hemisphere in contact with a rigid flat[J]. International Journal of Solids and Structures,2008,45(10):3009-3020.

［42］梁春.基于三维真实粗糙表面的弹塑性接触有限元分析[D].镇江:江苏大学,2009.

［43］SAHOO P,CHATTERJEE B,ADHIKARY D. Finite element based elastic-plastic contact behaviour of a sphere against a rigid flat - effect of strain hardening[J]. International Journal of Engineering and Technology,2010,2(1):1-6.

［44］瞿珏,王崴,肖强明,等.基于 ANSYS 的真实粗糙表面微观接触分析[J].机械设计与

制造,2012(8):72-74.

[45] 赵波,戴旭东,张执南,等.单峰接触研究及其在分形表面接触中的应用[J].摩擦学学报,2014,34(2):217-224.

[46] 赵滨.考虑实际表面形貌的幂硬化弹塑性材料接触特性[D].济南:山东大学,2016.

[47] MAJUMDAR A,BHUSHAN B. Role of fractal geometry in roughness characterization and contact mechanics of surfaces[J]. Journal of Tribology,1990,112(2):205-216.

[48] MAJUMDAR A,TIEN C L. Fractal characterization and simulation of rough surfaces[J]. Wear,1990,136(2):313-327.

[49] MAJUMDAR A,BHUSHAN B. Fractal model of elastic-plastic contact between rough surfaces[J]. Journal of Tribology,1991,113(1):1-11.

[50] WANG S,KOMVOPOULOS K. Closure to "discussion of 'A fractal theory of the interfacial temperature distribution in the slow sliding regime:part I—elastic contact and heat transfer analysis'" (1994,ASME J. tribol. ,116,p. 822)[J]. Journal of Tribology,1994,116(4):822-823.

[51] WANG S,KOMVOPOULOS K. A fractal theory of the interfacial temperature distribution in the slow sliding regime:part II—multiple domains,elastoplastic contacts and applications[J]. Journal of Tribology,1994,116(4):824-832.

[52] YAN W,KOMVOPOULOS K. Contact analysis of elastic-plastic fractal surfaces[J]. Journal of Applied Physics,1998,84(7):3617-3624.

[53] CHUNG J C,LIN J F. Fractal model developed for elliptic elastic-plastic asperity microcontacts of rough surfaces[J]. Journal of Tribology,2004,126(4):646-654.

[54] MORAG Y,ETSION I. Resolving the contradiction of asperities plastic to elastic mode transition in current contact models of fractal rough surfaces[J]. Wear,2007,262(5/6):624-629.

[55] 温淑花,张学良,武美先,等.结合面法向接触刚度分形模型建立与仿真[J].农业机械学报,2009,40(11):197-202.

[56] 张学良,黄玉美,傅卫平,等.粗糙表面法向接触刚度的分形模型[J].应用力学学报,2000,17(2):31-35.

[57] 张学良,黄玉美,温淑华.结合面接触刚度分形模型研究[J].农业机械学报,2000,31(4):89-91.

[58] 尤晋闽,陈天宁.基于分形接触理论的结合面法向接触参数预估[J].上海交通大学学报,2011,45(9):1275-1280.

[59] 田红亮,钟先友,秦红玲,等.依据各向异性分形几何理论的固定结合部法向接触力学模型[J].机械工程学报,2013,49(21):108-122.

[60] 缪小梅,黄筱调,袁鸿.考虑微凸体弹塑性变形的结合面分形接触模型[J].农业机械学报,2013,44(1):248-252.

[61] 张学良,丁红钦,兰国生,等.基于分形理论的结合面法向接触阻尼与损耗因子模型[J].农业机械学报,2013,44(6):287-294.

[62] 张学良,王南山,温淑花,等. 机械结合面切向接触阻尼能量耗散弹塑性分形模型[J]. 机械工程学报,2013,49(12):43-49.

[63] MIAO X M,HUANG X D. A complete contact model of a fractal rough surface[J]. Wear,2014,309(1/2):146-151.

[64] 丁雪兴,严如奇,贾永磊. 基于基底长度的粗糙表面分形接触模型的构建与分析[J]. 摩擦学学报,2014,34(4):341-347.

[65] YUAN Y,CHENG Y,LIU K,et al. A revised Majumdar and Bushan model of elasto-plastic contact between rough surfaces[J]. Applied Surface Science,2017,425:1138-1157.

[66] 陈虹旭,董冠华,殷勤,等. 基于分形理论的结合面法向接触刚度模型[J]. 振动与冲击,2019,38(8):218-224.

[67] 谭文兵,兰国生,张学良,等. 固定机械结合面法向接触刚度分形模型[J]. 组合机床与自动化加工技术,2021(4):36-39.

[68] (日)伊东谊等编,吕伯诚译. 现代机床基础技术[M]. 北京:机械工业出版社,1987.

[69] 戴德沛. 阻尼减振降噪技术[M]. 西安:西安交通大学出版社,1986.

[70] LIN Y Y,HUI C Y. Mechanics of contact and adhesion between viscoelastic spheres:an analysis of hysteresis during loading and unloading[J]. Journal of Polymer Science Part B:Polymer Physics,2002,40(9):772-793.

[71] OVCHARENKO A,HALPERIN G,VERBERNE G,et al. In situ investigation of the contact area in elastic-plastic spherical contact during loading – unloading[J]. Tribology Letters,2007,25(2):153-160.

[72] ZAIT Y,KLIGERMAN Y,ETSION I. Unloading of an elastic-plastic spherical contact under stick contact condition[J]. International Journal of Solids and Structures,2010,47(7/8):990-997.

[73] ZHAO B,ZHANG S,WANG Q F,et al. Loading and unloading of a power-law hardening spherical contact under stick contact condition[J]. International Journal of Mechanical Sciences,2015,94/95:20-26.

[74] 傅卫平,娄雷亭,高志强,等. 机械结合面法向接触刚度和阻尼的理论模型[J]. 机械工程学报,2017,53(9):73-82.

[75] 陈建江,原园,徐颖强. 粗糙表面的加-卸载分形接触解析模型[J]. 西安交通大学学报,2018,52(3):98-110.

[76] BRIZMER V,KLIGERMAN Y,ETSION I. The effect of contact conditions and material properties on the elasticity terminus of a spherical contact[J]. International Journal of Solids and Structures,2006,43(18/19):5736-5749.

[77] LIU P,ZHAO H,HUANG K,et al. Research on normal contact stiffness of rough surface considering friction based on fractal theory[J]. Applied Surface Science,2015,349:43-48.

[78] 陈奇,张振,刘鹏,等. 考虑摩擦的圆柱面切向接触刚度分形模型研究[J]. 机械工程学报,2016,52(23):168-175.

[79] CHEN Q,XU F,LIU P,et al. Research on fractal model of normal contact stiffness between two spheroidal joint surfaces considering friction factor[J]. Tribology International,2016,97:253-264.

[80] 李小彭,王伟,赵米鹊,等.考虑摩擦因素影响的结合面切向接触阻尼分形预估模型及其仿真[J].机械工程学报,2012,48(23):46-50.

[81] 李小彭,郭浩,刘井年,等.考虑摩擦的结合面法向刚度分形模型及仿真[J].振动 测试与诊断,2013,33(2):210-213.

[82] 李小彭,潘五九,高建卓,等.结合面形貌特性对模态耦合不稳定系统的影响[J].机械工程学报,2017,53(5):116-127.

[83] 李小彭,郭强,李加胜,等.结合面法向接触刚度分形预估模型及其仿真研究[J].中国工程机械学报,2016,14(4):281-287.

[84] 李小彭,孙德华,梁友鉴,等.弹塑形变的结合面法向刚度分形模型及仿真[J].中国工程机械学报,2015,13(3):189-196.

[85] MESAROVIC S D,FLECK N A. Spherical indentation of elastic – plastic solids[J]. Proceedings of the Royal Society of London Series A:Mathematical,Physical and Engineering Sciences,1999,455(1987):2707-2728.

[86] 田红亮,钟先友,赵春华,等.计及弹塑性及硬度随表面深度变化的结合部单次加载模型[J].机械工程学报,2015,51(5):90-104.

[87] 王庆朋,张力,尚会超,等.考虑应变硬化的混合弹塑性接触模型[J].西安交通大学学报,2016,50(2):132-137.

[88] 杨红平,傅卫平,王雯,等.基于分形几何与接触力学理论的结合面法向接触刚度计算模型[J].机械工程学报,2013,49(1):102-107.

[89] 田红亮,赵春华,方子帆,等.基于各向异性分形理论的结合面切向刚度改进模型[J].农业机械学报,2013,44(3):257-266.

[90] 蔡力钢,郝宇,郭铁能,等.螺栓结合面法向静态刚度特性提取方法研究[J].振动与冲击,2014,33(16):18-23.

[91] 党会鸿,孙清超,马跃,等.考虑临界变形量变化的结合面法向接触刚度计算模型[J].大连理工大学学报,2015,55(4):373-379.

[92] 李小彭,王雪,运海萌,等.三维分形固定结合面法向接触刚度的研究[J].华南理工大学学报(自然科学版),2016,44(1):114-122.

[93] 王雯,吴洁蓓,傅卫平,等.机械结合面法向动态接触刚度理论模型与试验研究[J].机械工程学报,2016,52(13):123-130.

[94] 田小龙,王雯,傅卫平,等.考虑微凸体相互作用的机械结合面接触刚度模型[J].机械工程学报,2017,53(17):149-159.

[95] 阮晓光,邰雪峰,李玲,等.基于分形理论的结合面刚度建模研究[J].机械设计与制造,2016(12):252-256.

[96] GAO Z Q,FU W P,WANG W,et al. Normal damping model of mechanical joints interfaces considering asperities in lateral contact[J]. Journal of Tribology,2018,140(2):1-12..

［97］ WANG R Q,ZHU L D,ZHU C X. Research on fractal model of normal contact stiffness for mechanical joint considering asperity interaction[J]. International Journal of Mechanical Sciences,2017,134:357-369.

［98］ 王润琼,朱立达,朱春霞.基于域扩展因子和微凸体相互作用的结合面接触刚度模型研究[J].机械工程学报,2018,54(19):88-95.

［99］ 史建成,刘检华,丁晓宇,等.基于确定性模型的金属表面多尺度接触行为研究[J].机械工程学报,2017,53(3):111-120.

［100］ 杨成,赵永胜,刘志峰,等.基于多尺度理论的栓接结合部动力学建模[J].吉林大学学报(工学版),2019,49(4):1212-1220.

［101］ ARMAND J,SALLES L,SCHWINGSHACKL C W,et al. On the effects of roughness on the nonlinear dynamics of a bolted joint:a multiscale analysis[J]. European Journal of Mechanics - A/Solids,2018,70:44-57.

［102］ ZHAO J J,LIN M X,SONG X C,et al. A modeling method for predicting the precision loss of the preload double-nut ball screw induced by raceway wear based on fractal theory[J]. Wear,2021,486/487:204065.

［103］ PAN W J,LING L Y,QU H Y,et al. Analysis of complex modal instability of a minimal friction self-excited vibration system from multiscale fractal surface topography[J]. European Journal of Mechanics - A/Solids,2021,87:104226.

［104］ 汤琴.基于三维真实粗糙表面的结合面多尺度有限元接触分析[D].西安:西安理工大学,2015.

［105］ 张帆,王东,高通锋.考虑粗糙结合面弹塑性接触的黏滑摩擦建模[J].固体力学学报,2018,39(2):162-169.

［106］ FENG Z Q,HJIAJ M,DE SAXCÉ G,et al. Influence of frictional anisotropy on contacting surfaces during loading/unloading cycles[J]. International Journal of Non-Linear Mechanics,2006,41(8):936-948.

［107］ 陈奇,黄守武,张振,等.考虑静摩擦的两圆柱体分形接触强度模型研究[J].合肥工业大学学报(自然科学版),2016,39(5):577-581.

［108］ PAN W J,LI X P,WANG L L,et al. A normal contact stiffness fractal prediction model of dry-friction rough surface and experimental verification[J]. European Journal of Mechanics - A/Solids,2017,66:94-102.

［109］ 兰国生,孙万,谭文兵,等.结合面切向接触阻尼三维分形模型[J].机械强度,2021,43(2):357-365.

［110］ 高志强,路泽鑫,傅卫平,等.固-液结合面法向动态接触刚度及阻尼的理论模型与实验分析[J].固体力学学报,2021,42(6):682-696.

［111］ 卢世坤,华灯鑫,李言,等.基于结合面接触域边界及分形理论的螺栓连接动态特性建模方法[J].机械强度,2021,43(3):660-668.

［112］ 孙见君,嵇正波,马晨波.粗糙表面接触力学问题的重新分析[J].力学学报,2018,50(1):68-77.

［113］ MASJEDI M,KHONSARI M M. On the effect of surface roughness in point-contact

EHL：Formulas for film thickness and asperity load[J]. Tribology International，2015，82：228-244.

[114] F ZHANG, D WANG, T F GAO. Stick-slip friction model for elastic-plastic contact of rough surfaces[J]. Chinese Journal of Solid Mechanics, 2018, 39 (02)：162-169.

[115] 沈锦龙,薛正堂,衡传富,等.点接触弹流润滑条件下表面弹性变形研究[J].中国机械工程,2019,30(14):1696-1702.

[116] 杨勇,王家序,周青华,等.表面粗糙度特征对齿轮接触区润滑特性的影响[J].摩擦学学报,2017,37(2):248-256.

[117] ABDALLA H F. A novel methodology for determining the elastic shakedown limit loads via computing the plastic work dissipation[J]. International Journal of Pressure Vessels and Piping,2021,191:104327.

[118] 高志强,傅卫平,王雯,等.法向加-卸载过程中弹塑性微凸体侧向接触能耗研究[J].机械工程学报,2018,54(1):150-160.

[119] 任鹏,王立华,汪纯锋.润滑状态下导轨结合面法向动态接触刚度实验研究[J].中国机械工程,2018,29(7):811-816.

[120] WANG Y H,ZHANG X L,WEN S H,et al. Fractal loading model of the joint interface considering strain hardening of materials[J]. Advances in Materials Science and Engineering,2019,2019:2108162.

[121] 王颜辉.结合面加-卸载接触特性多尺度分形理论建模及验证[D].太原:太原科技大学,2021.

2 粗糙表面的形貌特征及其统计描述

2.1 引　　言

　　研究和揭示结合面接触特性影响因素的物理与力学本质,并对其进行合理化描述,是研究结合面接触特性的重要基础性工作。本章将对粗糙表面的形貌特征及其统计描述进行简单的介绍。

2.2 粗糙表面形貌及其特征的统计描述

　　表面形貌是指物体表面的几何结构。机械设备的功能,诸如磨损、润滑状态、摩擦、振动噪声、疲劳、密封、配合性质、涂层质量、腐蚀、导电性、导热性、反射性质等等都与表面形貌有关,另外,其动静特性也与其有很大关系。广义来讲,表面形貌包括粗糙度、波度(波纹度)、形状误差和纹理四个方面。它应用于接触问题,主要研究微米量级范围的几何结构对接触特性的影响。

2.2.1 金属加工表面的性质及其形貌特征

　　如图 2-1 所示,金属结构表面上有一层冷作加工硬化微晶质结构组织——毕氏层(Berby layer)。它是由于机械加工时分子熔化和表面流动,骤然冷却所形成。这一基本结构通常被周围环境中沉积的尘粒和分子覆盖。

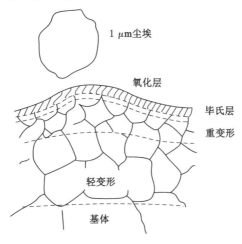

图 2-1　表面结构

　　表面氧化层(如图 2-2 所示)是由于接触大气所形成的,它的结构比较复杂,根据氧与金属接触的程度,大致在表面是 Fe_2O_3,中间是 Fe_3O_4,最里面是 FeO[1]。贝氏层下是由于加工创伤的变形结构,由重变形逐渐过渡到轻变形,大约有几百微米的厚度,再往里才是正常的基体结构组织。

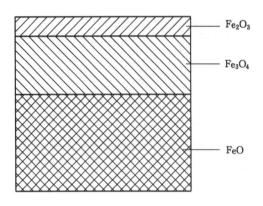

图 2-2　金属铁表面氧化层

整个表面层结构的几何性质可用一系列具有不同幅度和出现频率的凹凸不平度来表征。表面结构这一特征对于研究摩擦、磨损和润滑、粗糙表面(结合面)接触动静态特性具有重要的意义。

一般表面的几何结构取决于形成表面的加工方法,这些表面即使经过最仔细的精加工,它们在显微镜下仍然是粗糙的,粗糙度是由于表面上有波长很短的凹凸体而形成的,它可用具有不同幅度和间距的峰谷(微凸体)来表征,这些峰谷要比分子的尺寸大得多。在很多表面上还可看到波长较长的粗糙度,这种粗糙度称为波度,即宏观粗糙度。此外,表面上还有波长很长的不平度,这是由于加工过程中工件或刀具发生振动而形成的。表面上微凸体的分布根据加工方法性质的不同,可以是定向的,也可以是各向同性的。经过车削、铣削、刨削等定向加工的表面,其微凸体的分布显示一定的方向。经过电抛光和研磨等非定向加工方法加工的表面,沿表面上各个方向显示各向同性或等概率分布。

一般来说,磨削加工的表面倾向于产生不规则间距和有方向性的纹理,而车削加工的表面则倾向于产生均匀间距和有方向性的纹理。各种加工方法都产生其各具加工特点的表面纹理。

综上所述可知,金属加工表面可能像地球表面一样复杂,为了精确评定其形貌特征,根据本书所研究的对象,这里提出须注意的几点。

(1)工程实际中真实物体都具有弹性,不论点接触、线接触还是面接触,真实接触都是或大或小的一个"面"。所以研究金属加工粗糙表面的表面形貌,应该研究这个"面"的表面起伏变化的几何结构。以 x-y 两正交坐标系来代表物体表面,那么垂直于 x-y 面的 z 坐标将描述表面形貌起伏变化,xyz 组成三维形貌(如图 2-3 所示)[1]。

(2)机械结合面是由两个表面组成的,研究表面的接触特性,需要考虑两表面的相对位置;两个表面的表面纹理配合不同,将产生不同的接触效果,参考文献[4]已证明了这一点。

(3)为了显示峰谷的形象,一般的表面形貌测试仪器测绘出的表面形貌曲线总是将轮廓高度 z 夸大,z 坐标的放大倍数高于 x 和 y 坐标几十倍甚至百倍,这在图上显得尖峭陡立,实际的表面要平坦得多。

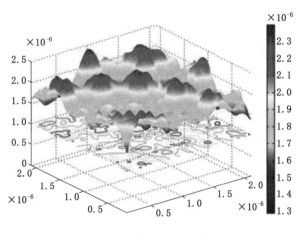

图 2-3　表面三维形貌

2.2.2　表面形貌特征的定量化描述

对表面形貌特征作定量描述评定,对于解决接触问题是极其重要的。两粗糙表面接触时,其实际接触面积只是名义接触面积的一部分,即使经过精磨加工,结合表面的微小波峰顶部相互接触的面积,也只有整个表面面积的一半左右。而且这些已接触的封顶由于其面积减小而压强增大,因此,当受外力作用时,这些封顶很容易产生变形,即接触变形,它是影响工艺系统刚度的重要因素之一。

结合面的接触特性与表面形貌即微凸体的分布、尺寸和形状有关,因此,在研究结合面的接触时,必须测量这些特征。

如果对每一个不同的表面都给出一个唯一的数字,一个只随粗糙度变化的数值,那么我们就能成功地把粗糙度评定从主观的转换成客观的程序,也就是说能够测量表面形貌了。可是,实际的金属加工表面形貌很复杂,不能只用单一的参数来定量所有的特性,幸好在大多数应用中,只有少数这种特性对性能具有实际上的重要性。因此我们能在实用中测量表面形貌。

表面粗糙度具有如下特点:

① 同一表面上粗糙度的不均匀性;

② 粗糙度评定的复杂性和多参数性。

由于表面微观不平度的轮廓形状极其复杂,表征表面粗糙度的参数也很多,有高度参数、间距参数、形状参数等,且每种参数又有各种不同的表达形式,各国所采用的参数又不尽相同,这就充分地显示出表面粗糙度评定的复杂性和多参数性。

另外,表面粗糙度对零件功能的影响是多方面的,每一方面的功能与表面粗糙度之间的关系也不相同,有的对高度参数很敏感;有的则对间距参数很敏感;有些功能则需要这三种参数同时加以限定。这也是表征表面粗糙度需要多个参数的另一原因。

选择表面形貌参数的主要标准是:参数能否与性能相联系,或者能否与参数所控制的生产工艺方法相联系。换言之,即参数数值是随着它所监控的机能变得快或慢和规则或不规则而变化的。

粗糙度评价参数按其定量的轮廓特性可分为三类[3]:

(1)幅高参数:仅仅用峰、谷或峰谷两者的高度来决定,与水平间距无关;

（2）间距参数：仅仅用表面微观不平度的间距来决定，例如峰数；

（3）混合参数：用幅高和间距的综合来决定，例如平均波长。

下面来介绍主要的一些粗糙表面形貌特征定量化参数。

（1）测量长度：有三种特性长度与用数字评定表面形貌有关，如图 2-4 所示。

① 取样长度：用以取得单一评定参数的表面长度，在该长度内所测得的参数值具有统计上的意义，但其长度不得把不相关的细节包括进去；

② 评定长度：由于加工表面有着不同程度的不均匀性，为了充分合理地反映某一表面的粗糙度的特性规定在评定时所必需的一段表面长度；

③ 横向测描长度：详见参考文献[3]。

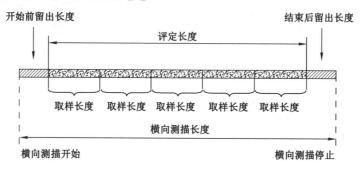

图 2-4　取样长度、评定长度、测描长度

（2）基准线：粗糙度定量的一个主要要求是，在轮廓内提供的一些数据可以与数据的测量相联系。这里不是去测量一块材料的尺寸，而是去测量相对于理想表面形状的偏差。随之而来的是必须用这个理想表面形状作为基准线。在实用中，大多数参数以轮廓的算术平均中线为基准线，基准线是许多表面形貌参数的基础，可见其重要性。

（3）截取波长：仪器的截取波长（切除波长）相当于测量时的取样长度，选择合适的取样长度的重要性如前所述。在测量表面形貌的仪器中，取样长度是靠滤波器来改变的，滤波器修改了放大器的频率反应，所以同时也修改了轮廓的波形，从而获得截取波长。取样长度是一个表面的具体长度，而截取波长是一种方法，用以制成最后的轮廓波形，其作用与限制在取样长度中进行评定的作用相似，为了便利起见，截取波长可以引用为对应的取样长度。

（4）一维形貌参数：通常取表面的某一截面的外形轮廓曲线表示它的表面形貌（如图 2-5 所示）。外形轮廓曲线是给的截面沿表面方向 起伏高度 z 的变化状况。一般取轮廓的平均高度线——中心线为 x 坐标轴，外形的高度方向为 z 坐标轴。最简单表示粗糙度的方法是取各 x 位置的外形高度 $z(x)$ 的算术平均值 Ra，若严格按随机过程的理论，则是：

$$Ra = \lim_{L\to\infty}(\int_0^L |Z(x)|\,\mathrm{d}x/L) \tag{2-1}$$

其中，L 在这里称为取样长度或样本长度，工程应用中 L 是包括足够粗糙度信息的有限长度，因而上式中极限符号可以去掉；Ra 是粗糙度轮廓高度的算术平均值，又称中心线算术平均值（CLA）。但是从统计学观点往往取高度的均方根（root mean square）值 σ 来表征粗糙度更为合理，即

$$\sigma = \sqrt{(\int_0^L [Z(x)]^2)/L} \tag{2-2}$$

其中，Ra 和 σ 仅表示了 z 方向高度平均值，没有表达出轮廓沿 x 方向分布的疏密程度。只有将沿 x 方向的高度参数和沿 x 方向的间距参数结合起来，才能表达表面形貌的二维关系。

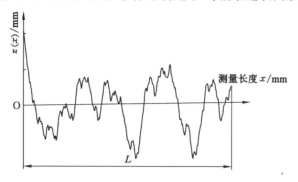

图 2-5　表面轮廓高度

（5）轮廓高度函数及概率密度函数：表面形貌可用轮廓高度分布函数或概率分布密度函数来表达，常用的概率分布密度函数见参考文献[1]。一般认为机加工表面接近 Gauss 分布，其概率分布密度函数为：

$$\Psi(Z) = \frac{1}{\sigma\sqrt{2\pi}}\exp\left[-\frac{1}{2}\left(\frac{Z-m}{\sigma}\right)^2\right] \tag{2-3}$$

若取高度平均线为 z 坐标，则 $m=0$，于是式（2-3）可写成：

$$\Psi(Z) = \Psi_0(Z)\exp\left(\frac{-Z^2}{2\sigma^2}\right) \tag{2-4}$$

理论上，高斯分布是从 $-\infty$ 到 $+\infty$，而实际上绝大部分分布在 $\pm3\sigma$ 范围内。

概率分布密度函数 $\Psi(Z)$ 可以取矩，它的 n 次矩定义为：

$$M_n = \int_{-\infty}^{+\infty} Z^n\Psi(Z)\mathrm{d}Z \tag{2-5}$$

$n=1,2,\cdots$，不同的 n 次阶矩都有具体物理意义。

（6）波峰、波谷、斜率和曲率：表面轮廓是由一定数量不同高度的波峰和同等数量不同深度的波谷所组成。统计各高度（深度）位置上波峰（波谷）的数量，可以画出波峰的分布密度曲线 $\Psi(p)$ 和波谷的分布密度曲线 $\Psi(v)$。波峰分布区域和波谷分布区域可以不重叠也可以重叠。分布密度曲线重叠程度越大，意味着峰和谷在表面上出现的数量越大。对于接触问题，不仅需要了解表面粗糙度，而且还要了解轮廓的波度斜率 $\dfrac{\mathrm{d}Z}{\mathrm{d}x}$ 和峰顶曲率半径 R。

（7）二维形貌：表面轮廓的高度参数和间距参数都是一维形貌参数，前者表征 Z 维，后者表征 x 维，Z 维和 x 维组成二维表征参数。表征随机过程功率谱宽度的参数，称为谱线宽度 α，如图 2-6 所示。功率谱只含一个频率时，$\alpha=1$；功率谱含有全部频率时，$\alpha=\infty$。通常，各向同性的随机过程，最窄的功率谱范围 $\alpha=1.5$。

若选择得当，只需三个参数就可以确定 Gauss 型随机表面的全部形貌特征。另一个二维参数是自相关函数，自相关函数是反映表面轮廓高度和有效波长的一项综合性指标。在 Hertz 接触上，随机分量是分析问题的主要元素。

（8）功率谱密度：随机过程的自相关函数 $R(\tau)$ 的傅氏变换，称为它的功率谱密度 $S(f)$。而自相关函数 $R(\tau)$ 是功率谱密度 $S(f)$ 的傅氏逆变换，应用于表面形貌的研究，是把表面轮

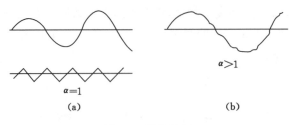

图 2-6　谱线宽度

廓当成各态历经的随机过程来处理。

（9）波纹度参数：前面介绍的基本上都是粗糙度特征的定量化描述方法及其相应参数。而作为表面形貌的另一个主要组成部分则是表面波纹度（波度）参数。粗糙度参数与波纹度之间的区别主要是一个尺度问题，虽然两者形成原因和功能影响并不相似。

用以评定波纹度的截取波长必须具有一定的长度，测量长度短于这个长度时，必须检测的微观不平度会被遗漏，所以取样长度必须长于截取波长长度。测量粗糙度时刚好相反，测量长度超过截取波长时，将会把不应包括的微观不平度叠加进去。取样长度（对于波纹度来讲也是其评定长度）的上限一般是根据所能做的横向测描的最大距离来决定，而不是由排除表面形状误差的需要来决定的。

2.3　本章小结

本章主要介绍了粗糙表面的形貌特征及其定量化描述方法，并介绍了一些基本概念，从而为后续章节的研究工作做了一些准备，总结如下：

（1）评定表面形貌的最重要特性是表面，因为表面是评定的唯一基础。

（2）作任何定性和定量的评定必须用与表面有关的方面去解释，例如表面的产生方法，表面的加工纹理，更重要的是表面的性能。

（3）粗糙度、波纹度还有形状误差是一个表面偏离理想的光度和平度的三个方面。虽然三者往往结合起来，但同样三者也可被分开进行各自的评定。

（4）幅高与间距是微观不平度的两个基本特性，形成了表面形貌。

参 考 文 献

[1] 郑林庆.摩擦学原理[M].北京:高等教育出版社,1994.

[2] (英)霍林(J. Halling)主编,上海交通大学摩擦学研究室译.摩擦学原理[M].北京:机械工业出版社,1981.

[3] (英)达格纳尔(DagnallH.)著,李冰邸静译.表面纹理探索[M].北京:机械工业出版社,1987.

[4] N Back, M Burdekin , A Cowley. Review of the Research on Fixed and Sliding Joints. Proc. Of 13rd Intern[J]. M. D. T. R. ,1973;87-98.

[5] 吴松青.表面粗糙度应用指南[M].北京:机械工业出版社,1990.

3 粗糙表面分形特征与多尺度微凸体接触模型

3.1 引 言

随着现代制造业的高速发展以及全球化的推进,对产品的精密化要求也越来越高,像精密机械、微电子器械、仪器仪表、微纳米制造、微机电系统以及一些高新技术装备等,都涉及到诸多精细化方面的技术问题[1],这也成为影响以上各研究领域发展的关键之一。涉及到机械设备的摩擦磨损、润滑密封、振动、配合、表面质量等相关功能问题的研究,往往都和结合面的形貌有关。在结合面接触力学的研究中,主要针对的是微米级范围的几何结构对接触特性的影响。在微观层面下,表面粗糙度体现为波长很短的凹凸体(不同幅度和间距的微凸体),对结合面接触问题的研究实质上是对结合面上众多微凸体接触问题的研究,这与结合面形貌轮廓和载荷等有着密切的联系,因此研究结合面形貌轮廓特征描述和微凸体接触问题,直接关系着结合面接触特性的研究。然而,实际生产中的机械结合面形貌都非常复杂,并不能够简单地用一些参数来很好地表征,而分形理论具有尺度独立性,可以用来很好地描述结合面微观形貌。

3.2 分形理论概述

3.2.1 分形理论的产生

传统的欧式几何(Euclidean geometry)在描述规则有序的点、线、平面、基本立体等几何形状时用到了维数,这些有序的几何形状尺寸的测量值受其对应维数的影响,但与测量时使用的测量尺度无关。对一维直线段和曲线进行长度测量时,线的长度 L 与测量单位 $\in$ 之间的关系分别为[2]:

直线段:$L = \sum \in^1$(L 的大小与 $\in$ 无关);

曲线段:$L = \lim_{\in \to 0} \sum \in^1$($\in \to 0$ 时,L 收敛)。

然而,自然界中存在许多像自然海岸线、结合面形貌轮廓线、分子原子的运动轨迹等物体,都呈现出复杂无规则性,无法单纯采用欧式几何学来描述。1967 年,数学家 Benoit B. Mandelbrot[3-4]在研究自然海岸线长度时发现,海岸线长度的测量结果与测量尺度相关,减小测量单位 $\in$,会有更小的轮廓线被测量到,测量结果呈增大趋势。因为测量单位的减小引起越来越多的细节显现导致在任何点都无法做出其切线,即海岸线轮廓线数学特性显现为:处处连续但不可导。在双对数坐标上,Mandelbrot 发现海岸线测量长度 L 与测量单位 $\in$ 之间有如下关系:

$$L \propto \in^{(1-D)} (1 < D < 2)$$

对于确定的海岸线，D 是一一对应且确定的，称 D 为海岸线的维数，与测量尺度无关，Mandelbrot 的研究为分形几何理论的产生奠定了基础。

通俗地讲，分形集是由许多与整体图案具有相似性的局部图案组成的一种图形的集合，它的形成过程具有一定的随机性。所谓分形维数，可以理解为使分形集测度相似与尺度相似成正比的幂指数，这种幂指数可以是整数或分数。例如，在欧氏空间内，直线长度与测量尺度的一次方成正比，而平面图的面积和立体图形的体积则分别与测量尺度的平方和立方成正比，所以这三者的分形维数分别为 1、2、3。但是对于一维、二维或三维的不规则图形（如波动曲线、粗糙面和破碎体），它们的分形维数都是分数。

3.2.2　自仿射分形特征

分形维数是分形几何理论最重要的参数之一，它的存在使得分形集测度相似与尺度相似成正比，对于不规则的图形来说分形维数有可能是分数，这就打破了传统欧式几何中维数只能是正整数的局限，而给描述任意一个复杂的不规则几何图形提供了依据[5]。

常常采用科赫曲线来解释分形几何学中的分形维数及自相似性。图 3-1 所示为科赫曲线形成的过程。先取单位长度（假设为 1）的直线，此时表示 $N=0$ 的状态；将此直线进行三等分，取 1/3 长度作为边长的等边三角形来替代中间一段线段，去掉等边三角形的底边，原直线变为由 4 条等长的线段组成的图形，表示 $N=1$ 的状态，此时图形轮廓线总长度为 4/3；按此方法，将 $N=1$ 状态下每条线段进行三等分，并分别用该线段 1/3 的长度作为边长组成等边三角形，将等边三角形去掉底边后用来替换中间一段线段，得到 $N=2$ 状态下的由 16 条等长的线段组成的图形，此时图形轮廓线总长度为 16/9；依次重复上述步骤，得到的曲线即为科赫曲线。随着重复次数的增多，每一线段的长度按比例缩小，且根据以上规律可以得出线段的总数量为 $N_L=4^N$，图形轮廓线的总长度为 $L=(4/3)^N$，对于原始长度为任意长度 l 的直线，可得其科赫曲线 $N=-(\ln l)/(\ln 3)$ 的总长度为 $L=(4/3)^{-\ln l/\ln 3}$，等号两边取对数可得：$\ln L=-(\ln l)\times(\ln 4/\ln 3-1)$，令 $D=\ln 4/\ln 3$，则有 $L=l^{1-D}$。称 D 为科赫曲线的相似分形维数，其值可以为整数也可以为分数，当相似分形维数为分数时，称此时的研究对象为分形，此时的相似分形维数 D 为分形维数[4]。

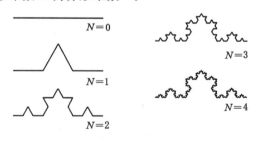

图 3-1　科赫曲线

上述科赫曲线以及自然海岸线在小尺度下的形态与原形态基本不变或极其相似，称这种特性的曲线具有自相似性。对于自相似的曲线，缩放后整体与部分之间可表达为以下关于缩放因子 λ 的函数关系式[6]：

$$f(\lambda x_1,\lambda x_2,\cdots,\lambda x_n)=\lambda^n f(x_1,x_2,\cdots,x_n) \quad (0<\lambda<1) \tag{3-1}$$

然而，研究表明工程实际中许多工程表面形貌轮廓线具有统计自仿射（statistic self-affinity)特性。该种特性是指为了满足轮廓线或图形在小尺度下的概率分布以及形貌特征与大尺度下均具有一致性,要求自仿射的曲线或图形在各方向上放大或缩小各自相应的倍数,缩放后整体与部分之间可以表达为以下函数关系式[7]:

$$f(\lambda_1 x_1, \lambda_2 x_2, \cdots, \lambda_n x_n) = \lambda_1 \lambda_2 \cdots \lambda_n f(x_1, x_2, \cdots, x_n) \quad (0 < \lambda_n < 1) \tag{3-2}$$

如果采用不同放大倍数反复放大粗糙表面轮廓,可以发现粗糙表面轮廓出现越来越多的纳米级甚至更小的粗糙度结构,且与放大前的结构极为相似(如图 3-2 所示),也就是说粗糙表面轮廓在不同尺度下有确定的相似性,可由分形几何理论来描述,且结合面的这种描述方法可望具有唯一性、确定性。

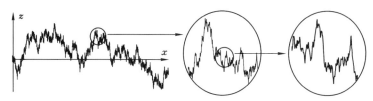

图 3-2　粗糙表面轮廓自仿射性示意图

3.2.3　粗糙表面多尺度分形特性的表征

各向同性粗糙表面的分形维数若为 D_s,沿任意方向垂直截取该结合面得到的轮廓线的分形维数为:

$$D = D_s - 1 \tag{3-3}$$

Majumdar 的研究表明[8-10],实际加工粗糙表面具有随机性、多尺度性和无序性,表面形貌的轮廓线与自然海岸线类似具有分形特性。而 Weierstrass－Mandelbort 函数(W－M 函数)具有上述分形特性,可用来描述粗糙表面轮廓线,其表达式为:

$$Z(x) = G^{(D-1)} \sum_{n=n_{\min}}^{\infty} \frac{\cos(2\pi\gamma^n x)}{\gamma^{(2-D)n}} \qquad (1 < D < 2, \gamma > 1) \tag{3-4}$$

其中,x 为结合部粗糙表面轮廓线函数的横坐标,z 为与其相对应的函数纵坐标(轮廓线高度);D 为函数的分形维数,简称分维,对于连续表面,$1 < D < 2$,它描述轮廓线高度在所有尺度上的不规则性;G 是粗糙表面长度尺度参数,它反映了轮廓线函数的幅值,为度量常数;$n_{\min}$ 是粗糙表面截面轮廓尺度级数 n 的最小值;γ^n 决定结合面粗糙度的频谱,控制其频率密度,$\gamma > 1$。工程实际结合面轮廓线具有非稳定的随机性,其最低频率由 $\gamma^{n_{\min}} = 1/L$ 决定,其中 L 为试样长度。W-M 函数的频率 γ^n 以等比级数形成了一个从 $\gamma^{n_{\min}}$ 到无穷大的频谱,而 γ 则决定了频谱密度和频谱模式间的相对相位差。由于实际粗糙表面轮廓的相位是随机的,因此为使得 W-M 函数在描述粗糙表面时能适应实际表面轮廓的高频谱密度和相位的随机性,取 $\gamma = 1.5$。W-M 函数的分形参数 D 和 G 均与频率无关,是尺度无关的。

粗糙表面统计学参数与表面轮廓的分维 D 存在如下关系:

$$\sigma = \left[\int_{\omega_l}^{\omega_h} S(\omega) d\omega \right]^{0.5} \tag{3-5}$$

$$\sigma' = \left[\int_{\omega_l}^{\omega_h} \omega^2 S(\omega) d\omega \right]^{0.5} \tag{3-6}$$

$$\sigma'' = \left[\int_{\omega_l}^{\omega_h} \omega^4 S(\omega) d\omega \right]^{0.5} \tag{3-7}$$

其中，ω_l 是由取样长度 L 决定的最低频率，ω_h 是由仪器分辨率和滤波决定的最高频率，一般情况下，$\omega_h \gg \omega_l$，所以近似地有：

$$\sigma \approx \omega_l^{(D-2)} \tag{3-8}$$

$$\sigma' \approx \omega_h^{(D-1)} \tag{3-9}$$

$$\sigma'' \approx \omega_h^{D} \tag{3-10}$$

由式(3-8)～式(3-10)可知，无论统计学参数怎样测量，其值总与取样长度及仪器分辨率有关。

3.2.4 分形参数 D 和 G 的获取

对于具有分形特性的结合面，若对其表面轮廓线特性进行分析，首先要确定其表面轮廓分形参数 D 和 G，常见的获取分形参数的方法有：

（1）功率谱法

W-M 函数是由无限个尺度级数叠加组合而成的多尺度函数，它的自相关函数表达式为[11]：

$$R(\xi) = \lim_{L \to \infty} \frac{1}{L} \int_0^L z(x)z(x+\xi)\mathrm{d}x = \frac{G^{2(D-1)}}{2} \sum_{n=n_{\min}}^{n=n_{\max}} \frac{\cos 2\pi \gamma^n \xi}{\gamma^{(4-2D)n}} \tag{3-11}$$

其中，ξ 为距离延迟。

W-M 函数的功率谱函数 $S(\omega)$ 与其自相关函数 $R(\xi)$ 之间构成傅里叶变换对的关系，由此可得 W-M 函数的功率谱函数为：

$$\hat{S}(\omega) = \frac{G^{2(D-1)}}{2} \sum_{n=n_{\min}}^{n=n_{\max}} \frac{\delta(\omega - \gamma^n)}{\gamma^{(4-2D)n}} \tag{3-12}$$

其中，ω 为空间频率，$\delta(x)$ 为 Dirac-delta 函数。

Berry 和 Lewis(1980 年)给出了 W-M 函数功率谱函数的近似表达式：

$$S(\omega) = \frac{G^{2(D-1)}}{2\omega^{(5-2D)} \ln \gamma} \tag{3-13}$$

其中，ω 为频率，它是粗糙度波长的倒数。对式(3-13)等号两边同时取对数，$S(\omega)$ 与 ω 之间的关系呈现为一条斜率为 k_p(满足 $-3 < k_p < -1$)的直线，而 $Z(x)$ 的分形维数 D 与斜率 k_p 有关，轮廓长度尺度参数 G 则与该直线在 $S(\omega)$ 轴上的截距有关，可由下式求解结合面轮廓曲线的分形维数：

$$D = (k_p + 5)/2 \tag{3-14}$$

（2）结构函数法

轮廓曲线 $z(x)$ 的结构函数满足以下关系式：

$$S(\tau) = \langle [z(x+\tau) - z(x)]^2 \rangle = \int_{-\infty}^{+\infty} S(\omega)(\mathrm{e}^{j\omega\tau} - 1)\mathrm{d}\omega \tag{3-15}$$

其中，$\langle \rangle$ 表示取该式的算术平均值，τ 为 x 的任意数据间隔增量值。将式(3-13)代入式(3-15)取积分得：

$$S(\tau) = CG^{2(D-1)} \tau^{(4-2D)} \tag{3-16}$$

其中，C 的公式为：

$$C = \frac{\Gamma(2D-3)\sin[0.5\pi(2D-3)]}{(4-2D)\ln \gamma} \tag{3-17}$$

函数 Γ 为第二类欧拉积分函数,当 $1 < D < 2$ 时,对于分形维数确定的结合面轮廓曲线,C 值为常数。

由式(3-16)得:

$$\lg S(\tau) = 2(D-1)\lg G + \lg C + (4-2D)\lg \tau \qquad (3\text{-}18)$$

$S(\tau)$ 与 τ 在双对数坐标上所呈现的直线斜率 $0 < k_s < 2$ 时,结合面轮廓曲线是分形的,分形维数 D 满足以下式子:

$$D = (4-k_s)/2 \qquad (3\text{-}19)$$

该直线在 $S(\tau)$ 坐标轴上的截距 B 为:

$$B = 2(D-1)\lg G + \lg C \qquad (3\text{-}20)$$

由式(3-19)、式(3-20)可以计算出轮廓特征尺度参数 G 的值。

3.3 多尺度微凸体接触特性理论模型

为了描述粗糙表面形貌的特性,基于 W-M 函数利用 MATLAB 对粗糙表面轮廓曲线进行仿真,取 $n_{max}=20$,$G=2.5 \times 10^{-9}$ m,D 分别取 1.1、1.5 和 1.9 时仿真结果对应为图 3-3(a)、图 3-3(b)、图 3-3(c)所示。当表面被反复放大时,所有放大的表面轮廓在结构上都是相似的,即在统计上称为自仿射[11]。根据式(3-4),因为相位在所有频率时一致,故在 $x=0$ 处取一个随机的表面轮廓。由图 3-3(a)、图 3-3(b)和图 3-3(c),给定长度尺度参数 G,最低尺度级数 n_{min} 和最高尺度级数 n_{max},增大分形维数 D,将会产生一个更加复杂的轮廓形貌。图 3-3(b)和图 3-3(d)分别为 $G=2.5 \times 10^{-9}$ m、$G=2.5 \times 10^{-11}$ m 时的仿真结果,可见当分形维数 D 给定,G 增大时,轮廓起伏更大,更加参差不齐,G 的值控制了不同长度尺度下粗糙度的相对振幅。

3.3.1 多尺度微凸体加载过程接触特性模型

微观尺度上看,粗糙表面由许多微凸体叠加而成,粗糙表面间的接触实质上是微凸体间的接触,将结合面等效简化为一粗糙表面和一刚性平面之间的接触,进而理解为粗糙表面上一系列微凸体和刚性平面之间的接触。图 3-4 所示为多尺度微凸体与刚性平面接触加载过程示意图,之所以称多尺度微凸体是因为尺度级数 n 不同微凸体大小不同。参数 $l_n = 1/\gamma^n$ 是多尺度微凸体的基底直径,h_n 为其高度。参数 ω_n 是多尺度微凸体的变形量。ω_n 的范围是从 0 到其全变形,即 $0 \leqslant \omega_n \leqslant h_n$。$l_r$ 是多尺度微凸体真实接触直径,l_t 是多尺度微凸体截断直径。

(1)多尺度微凸体处于弹性变形接触状态

在此假设:①粗糙表面是各向同性的;②接触过程中微凸体与微凸体之间的相互作用忽略不计且不发生大变形。基于该假设可得尺度级数为 n 的微凸体变形前的方程为[12]:

$$z_n(x) = G^{D-1} \frac{\cos(\pi \gamma^n x)}{\gamma^{(2-D)n}} \qquad \left(-\frac{1}{2\gamma^n} < x < \frac{1}{2\gamma^n}\right) \qquad (3\text{-}21)$$

由式(3-21)可得,尺度级数为 n 的微凸体顶端处的曲率半径为:

$$R_n = \frac{\gamma^{-nD}}{\pi^2 G^{D-1}} \qquad (3\text{-}22)$$

可见,尺度级数为 n 的微凸体顶端处的曲率半径与其尺度级数 n 有关,这就是多尺度微凸体顶端处的曲率半径,不同于 MB 接触分形模型的微凸体顶端处的曲率半径,后者与微凸体尺度级数无关。其变形前高度为:

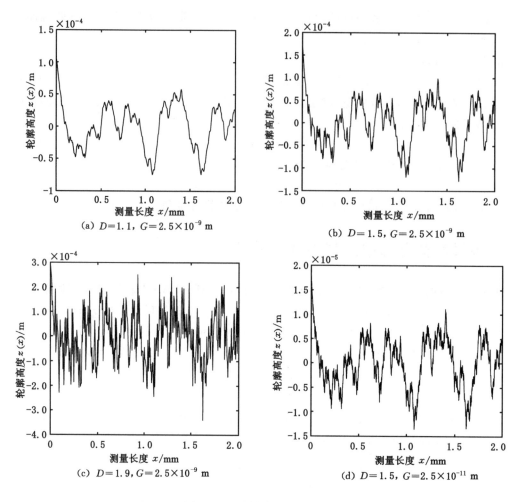

(a) $D=1.1$, $G=2.5\times10^{-9}$ m

(b) $D=1.5$, $G=2.5\times10^{-9}$ m

(c) $D=1.9$, $G=2.5\times10^{-9}$ m

(d) $D=1.5$, $G=2.5\times10^{-11}$ m

图 3-3   二维结合面轮廓仿真图

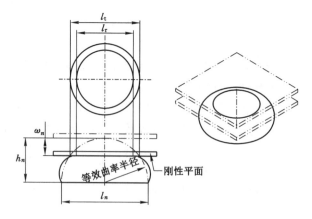

图 3-4   单个微凸体加载示意图

$$h_n = z_n(0) = \frac{G^{D-1}}{\gamma^{(2-D)n}} \tag{3-23}$$

在多尺度微凸体加载过程中,将依次发生弹性、弹塑性以及完全塑性变形。当 $a_n < a_{nec}$ 时(a_n 为多尺度微凸体实际接触面积,a_{nec} 为多尺度微凸体弹性临界接触面积),多尺度微凸体处于弹性变形状态,根据赫兹理论可得其接触面积为:

$$a_n = \pi R_n \omega_n \tag{3-24}$$

尺度级数为 n 的微凸体在初始屈服时的弹性临界变形为[13]:

$$\omega_{nec} = \left(\frac{3\pi K H}{4 E'} \right)^2 R_n \tag{3-25}$$

其中,$K = 0.454 + 0.41\upsilon$,υ 为较软材料泊松比;H 为较软材料的硬度,$H = 2.8Y$,Y 是该材料的屈服应力;E' 为复合弹性模量,$\frac{1}{E'} = \frac{1-\upsilon_1'}{E_1} + \frac{1-\upsilon_2'}{E_2}$,$E_1$、$E_2$ 分别为两接触材料的弹性模量,υ_1'、υ_2' 分别是对应的泊松比。

由式(3-25)可见,尺度级数为 n 的微凸体的弹性临界变形与其尺度级数 n 有关,这就是多尺度微凸体的弹性临界变形,它不同于 MB 接触分形模型的微凸体弹性临界接触变形,后者与微凸体尺度级数无关。

将式(3-25)代入式(3-24),可得尺度级数为 n 的微凸体弹性临界接触面积为:

$$a_{nec} = \pi R_n \omega_{nec} = \pi \left(\frac{3\pi K H}{4 E'} \right)^2 R_n^2 = \frac{1}{\pi} \left(\frac{3 K H \gamma^{-nD}}{4 G^{(D-1)} E'} \right)^2 \tag{3-26}$$

同样地,尺度级数为 n 的微凸体弹性临界接触面积与其尺度级数 n 有关,是多尺度微凸体的弹性临界接触面积,也不同于 MB 接触分形模型的微凸体弹性临界接触面积,后者依然与微凸体尺度级数无关。

根据赫兹接触理论,尺度级数为 n 的微凸体发生弹性变形时的法向载荷为:

$$f_{ne} = \frac{4}{3} E' R_n^{1/2} \omega_n^{3/2} \tag{3-27}$$

将式(3-22)和式(3-24)带入式(3-27)得:

$$f_{ne} = \frac{4 E' a_n^{3/2} \pi^{1/2} G^{D-1}}{3 \gamma^{-Dn}} \tag{3-28}$$

这就是多尺度微凸体的弹性接触载荷,也不同于 MB 接触分形模型。由式(3-28)可得尺度级数为 n 的微凸体在弹性变形阶段的接触刚度即多尺度微凸体的弹性接触刚度为:

$$k_{ne} = \frac{d f_{ne}}{d \omega_n} = 2 E' R_n^{1/2} \omega_n^{1/2} = 2 \pi^{-1/2} E' a_n^{1/2} \tag{3-29}$$

（2）多尺度微凸体处于弹塑性接触状态

根据文献[14]的研究结果,当多尺度微凸体实际变形量大于弹性临界变形量(即 $\omega_n > \omega_{nec}$)时,开始发生弹塑性变形,多尺度微凸体弹塑性变形根据实际变形量可分为 $1 < \omega_n/\omega_{nec} \leq 6$ 时的第一弹塑性变形以及 $6 < \omega_n/\omega_{nec} \leq 110$ 时的第二弹塑性变形两个阶段。在此定义多尺度微凸体开始进入第二弹塑性变形时的实际变形量 $\omega_n = 6\omega_{nec}$ 为多尺度微凸体第一弹塑性临界变形量,用 ω_{nepc} 表示,即 $\omega_{nepc} = 6\omega_{nec}$,对应的接触面积为多尺度微凸体第一弹塑性临界接触面积,用 a_{nepc} 来表示。同样地,定义多尺度微凸体开始进入完全塑性变形阶段时的变形量为多尺度微凸体第二弹塑性临界变形量,用 ω_{npc} 表示,且有 $\omega_{npc} = 110\omega_{nec}$,此

时的接触面积称为多尺度微凸体第二弹塑性临界接触面积,用 a_{npc} 来表示。根据文献[14-15],多尺度微凸体处于第一、第二弹塑性变形阶段,接触面积、接触载荷、变形量分别满足如下关系:

$$\frac{a_n}{a_{nec}} = 0.93 \left(\frac{\omega_n}{\omega_{nec}}\right)^{1.136}, \frac{f_{nep1}}{f_{nec}} = 1.03 \left(\frac{\omega_n}{\omega_{nec}}\right)^{1.425} \qquad (\omega_{nec} < \omega_n \leqslant 6\omega_{nec}) \qquad (3\text{-}30)$$

$$\frac{a_n}{a_{nec}} = 0.94 \left(\frac{\omega_n}{\omega_{nec}}\right)^{1.146}, \frac{f_{nep2}}{f_{nec}} = 1.40 \left(\frac{\omega_n}{\omega_{nec}}\right)^{1.263} \qquad (6\omega_{nec} < \omega_n \leqslant 110\omega_{nec}) \qquad (3\text{-}31)$$

① 多尺度微凸体处于第一弹塑性变形阶段

此阶段,多尺度微凸体法向接触载荷为 f_{nep1},根据式(3-30)有: $a_{nepc} = 7.119\,7a_{nec}$,进而得:

$$f_{nep1} = 1.03 \left(\frac{\omega_n}{\omega_{nec}}\right)^{1.425} \cdot f_{nec} \qquad (3\text{-}32)$$

$$f_{nec} = \frac{4}{3} E' R_n^{1/2} \omega_{nec}^{3/2} \qquad (3\text{-}33)$$

将式(3-25)、式(3-33)代入式(3-32)可得:

$$f_{nep1} = 1.373 R_n^{0.575} \omega_n^{1.425} E'^{0.85} \left(\frac{3\pi KH}{4}\right)^{0.15} \qquad (3\text{-}34)$$

此阶段,多尺度微凸体的接触刚度为:

$$k_{nep1} = \frac{df_{nep1}}{d\omega_n} = 1.96 E'^{0.85} R_n^{0.575} \omega_n^{0.425} \left(\frac{3\pi KH}{4}\right)^{0.15}$$

$$= 1.873 \pi^{-0.122} E'^{0.748} R_n^{0.252} a_n^{0.374} (KH)^{0.252} \qquad (3\text{-}35)$$

② 多尺度微凸体处于第二弹塑性变形阶段

此阶段,多尺度微凸体法向接触载荷为 f_{nep2},根据式(3-30)可得:

$$a_{npc} = 205.382\,7a_{nec} \qquad (3\text{-}36)$$

$$f_{nep2} = 1.40 \left(\frac{\omega_n}{\omega_{nec}}\right)^{1.263} \cdot f_{nec} \qquad (3\text{-}37)$$

将式(3-25)、式(3-33)代入式(3-37)可得:

$$f_{nep2} = 1.87 R_n^{0.737} \omega_n^{1.263} E'^{0.526} \left(\frac{3\pi KH}{4}\right)^{0.474} \qquad (3\text{-}38)$$

此阶段,多尺度微凸体的接触刚度为:

$$k_{nep2} = \frac{df_{nep2}}{d\omega_n} = 2.36 E'^{0.526} R_n^{0.737} \omega_n^{0.263} \left(\frac{3\pi KH}{4}\right)^{0.474}$$

$$= 2.492 \pi^{-0.145} E'^{0.272} R_n^{-0.009} a_n^{0.374} \left(\frac{3}{4} KH\right)^{0.728} \qquad (3\text{-}39)$$

(3) 多尺度微凸体处于完全塑性接触状态

当 $\omega_n > 110\omega_{nec}$ 时,多尺度微凸体进入完全塑性变形阶段。此时法向接触载荷为 $f_{np} = 2\pi HR_n\omega_n$,相应的接触面积为:

$$a_n = 2\pi R_n \omega_n \qquad (3\text{-}40)$$

综上可见多尺度微凸体随所受载荷和变形量的增大,接触面积逐渐增大,即 $a_{nec} < a_{nepc} < a_{npc}$,微凸体依次发生的变形为:弹性变形、第一弹塑性变形、第二弹塑性变形、完全塑性变形。

3.3.2　多尺度微凸体卸载过程接触特性模型

多尺度微凸体处于不同的变形阶段时,对其进行卸载会有不同的情形。当多尺度微凸体发生弹性变形时,卸载会使得其变形完全恢复初始状态,此种情况下其接触载荷和接触面积与加载过程一致。而当多尺度微凸体发生完全塑性变形时,即使对其进行卸载,其变形也不会有所恢复,所以在研究多尺度微凸体的卸载过程时,本文主要研究其发生弹塑性变形时的卸载过程[16-17]。Etsion 等在前期的研究中提出弹塑性变形球形微凸体卸载残余变形量 ω_{res} 与其加载最大变形量 ω_{max} 存在如下关系[15]:

$$\frac{\omega_{res}}{\omega_{max}} = \left[1 - \frac{1}{(\omega_{max}/\omega_{ec})^{0.28}}\right] \cdot \left[1 - \frac{1}{(\omega_{max}/\omega_{ec})^{0.69}}\right] \tag{3-41}$$

其卸载后的半径 R^u 与初始半径 R 之间的关系如下:

$$\frac{R^u}{R} = 1 + 1.275\left(\frac{E}{\sigma_s}\right)^{-0.216}\left(\frac{\omega_{max}}{\omega_{ec}} - 1\right) \tag{3-42}$$

其中,σ_s 为微凸体材料的屈服极限,ω_{ec} 为微凸体弹性临界变形量。

球形微凸体第一弹塑性变形阶段($\omega_{nec} \leqslant \omega_n \leqslant 6\omega_{nec}$)时有:

$$\frac{f_{nep1}}{f_{nec}} = 1.03\left(\frac{\omega_n}{\omega_{nec}}\right)^{1.425} \quad \frac{a_n}{a_{nec}} = 0.93\left(\frac{\omega_n}{\omega_{nec}}\right)^{1.136} \tag{3-43}$$

球形微凸体第二弹塑性变形阶段($6\omega_{nec} \leqslant \omega_n \leqslant 110\omega_{nec}$)时有:

$$\frac{f_{nep2}}{f_{nec}} = 1.40\left(\frac{\omega_n}{\omega_{nec}}\right)^{1.263} \quad \frac{a_n}{a_{nec}} = 0.94\left(\frac{\omega_n}{\omega_{nec}}\right)^{1.146} \tag{3-44}$$

根据文献[18],卸载过程中多尺度微凸体的接触载荷和接触面积分别为:

$$f_n^u = f_{nmax}\left(\frac{\omega_n^u - \omega_{nres}}{\omega_{nmax} - \omega_{nres}}\right)^{1.5(\omega_{nmax}/\omega_{nec})^{-0.0551}} \tag{3-45}$$

$$a_n^u = a_{nmax}\left(\frac{\omega_n^u - \omega_{nres}}{\omega_{nmax} - \omega_{nres}}\right)^{(\omega_{nmax}/\omega_{nec})^{-0.12}} \tag{3-46}$$

将式(3-45)、(3-46)分别代入式(3-43)、(3-44)得到处于第一、二弹塑性变形状态的多尺度微凸体卸载时的接触载荷与接触面积之间的关系分别为:

$$f_{nep1}^u = 0.6867KHa_{nec}\left(\frac{\omega_{nmax}}{\omega_{nec}}\right)^{1.425}\left[\frac{a_n^u}{0.93a_{nec}(\omega_{nmax}/\omega_{nec})^{1.136}}\right]^{1.5(\omega_{nmax}/\omega_{nec})^{0.0869}} \tag{3-47}$$

$$f_{nep2}^u = 0.9333KHa_{nec}\left(\frac{\omega_{nmax}}{\omega_{nec}}\right)^{1.236}\left[\frac{a_n^u}{0.94a_{nec}(\omega_{nmax}/\omega_{nec})^{1.146}}\right]^{1.5(\omega_{nmax}/\omega_{nec})^{0.0869}} \tag{3-48}$$

那么,处于第一、二弹塑性变形状态的多尺度微凸体卸载时的法向接触刚度分别为:

$$k_{nep1}^u = \frac{\mathrm{d}f_{nep1}^u}{\mathrm{d}\omega_n}$$

$$= 1.03\frac{(a_{nl}/a_{nec})^{0.0869 - 1.704(a_{nl}/a_{nec})^{0.0869}}a_n^{1.5(a_{nl}/a_{nec})^{0.0869 - 1}}a_{nl}^{1.425}}{0.93^{1.5(a_{nl}/a_{nec})^{0.0869}}a_{nec}^{0.425 + 1.5(a_{nl}/a_{nec})^{0.0869}}}\pi KHG^{D-1}\gamma^{nD} \tag{3-49}$$

$$k_{nep2}^u = \frac{\mathrm{d}f_{nep2}^u}{\mathrm{d}\omega_n}$$

$$= 1.3999\frac{KHa_{nl}^{1.236}(a_{nl}/a_{nec})^{0.0869 - 1.719(a_{nl}/a_{nec})^{0.0869}}a_n^{1.5(a_{nl}/a_{nec})^{0.0869 - 1}}}{0.94^{1.5(a_{nl}/a_{nec})^{0.0869}}\pi\gamma^{nD}G^{D-1}a_{nec}^{0.236 + 1.5(a_{nl}/a_{nec})^{0.0869}}} \tag{3-50}$$

3.3.3 多尺度微凸体不同变形阶段临界尺度级数

利用 W-M 函数描述微凸体表面轮廓时,轮廓函数与微凸体的尺度级数 n 相关,即载荷一定的情况下,多尺度微凸体顶点处的曲率半径、微凸体的高度等均随尺度级数 n 的不同而不同。我们定义最低尺度级数为 $n_{\min}$,最高尺度级数为 $n_{\max}$。根据 W-M 函数性质,$l_n = 1/\gamma^n$,此处 l_n 为多尺度微凸体基体直径。根据式(3-22)、式(3-23)、式(3-25)可知 h_n、R_n、ω_{nec} 的值均与尺度级数 n 相关。尺度级数一定时,在载荷作用下,微凸体变形量 ω_n 小于等于微凸体高度 h_n,为求尺度级数 n 的临界值,我们取:

$$h_n = \omega_{nec} \tag{3-51}$$

即:$\dfrac{G^{D-1}}{\gamma^{(2-D)n_{ec}}} = \left(\dfrac{3KH}{4E'}\right)^2 \cdot \dfrac{\gamma^{-n_{ec}D}}{G^{D-1}}$。可得弹性临界尺度级数为:

$$n_{ec} = \mathrm{int}\left\{\frac{\ln\left[(3KH/4E')^2 G^{2(1-D)}\right]}{2(D-1)\ln \gamma}\right\} \tag{3-52}$$

第一弹塑性临界尺度级数:

$$n_{epc} = \mathrm{int}\left\{\frac{\ln\left[6\,(3KH/4E')^2 G^{2(1-D)}\right]}{2(D-1)\ln \gamma}\right\} \tag{3-53}$$

第二弹塑性临界尺度级数:

$$n_{pc} = \mathrm{int}\left\{\frac{\ln\left[110\,(3KH/4E')^2 G^{2(1-D)}\right]}{2(D-1)\ln \gamma}\right\} \tag{3-54}$$

即在载荷作用下尺度级数处于 $n_{\min} < n \leqslant n_{ec}$ 的微凸体只发生弹性变形;尺度级数处于 $n_{ec} < n \leqslant n_{epc}$ 的微凸体可能发生弹性变形或第一弹塑性变形;尺度级数处于 $n_{epc} < n \leqslant n_{pc}$ 的微凸体可能发生弹性变形、第一弹塑性变形或第二弹塑性变形;尺度级数处于 $n_{pc} < n \leqslant n_{\max}$ 的微凸体可能发生弹性变形、第一弹塑性变形、第二弹塑性变形或完全塑性变形。

3.4 微凸体加-卸载过程有限元分析结果对比

因为微凸体本身的特殊性,不能通过具体的宏观模型进行实验,为了模拟微凸体在加载过程当中的弹塑性力学关系,利用有限元法来仿真关于微凸体在刚性平面作用下加-卸载过程的弹性、弹塑性、塑性阶段。

微凸体材料的相关参数如下:

弹性模量 $E = 2.06 \times 10^{11}$ Pa,泊松比 $\upsilon = 0.26$,材料屈服极限 $\sigma_s = 418$ MPa。

材料塑性阶段的应变和屈服应力满足表 3-1 及图 3-5 所示关系:

表 3-1 材料塑性阶段的应变和屈服应力

屈服应力/MPa	塑性应变
418	0
500	0.015 81
605	0.029 83
695	0.056
780	0.095

表 3-1(续)

屈服应力/MPa	塑性应变
829	0.15
882	0.25
908	0.35
921	0.45
932	0.55
955	0.65
988	0.75
1 040	0.85

为了验证本章及后续研究中微凸体理论模型的准确性,参照文献[19]利用有限元分析的计算结果和理论模型作对比。图 3-6 所示为有限元分析软件中建立的几何模型,该模型由刚性平面和微凸体两部分组成,通过理论公式计算,将微凸体设置为半径是 1.060 5 μm的半球体,将微凸体模型的底面固定,通过设置刚性平面的位移来模拟加载过程微凸体依次发生弹性、弹塑性、完全塑性变形的情况,加载结束后进行卸载用来模拟微凸体卸载过程的一些特性。

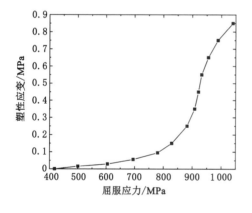

图 3-5　材料塑性阶段的应变和屈服应力　　　图 3-6　微凸体有限元仿真几何模型示意图

为了能够得到更加精确的接触状态仿真数值,在有限元模型的生成过程中,尽可能地利用结构化网格。原始的微凸体几何模型不能够直接生成结构化网格,需要将几何体做出一些分割,如图 3-7 所示为几何体的分割图,通过几何分割,可以将微凸体分割成为 8 个都可以进行结构化网格划分的基本几何体,这样可以全部采用六面体单元(实体单元为 solid186,接触表面单元为 CONTA 174,目标表面单元为 TARGE 170),提升仿真模拟的效率和精度。

为了模拟刚性平面和微凸体之间的相互作用,需要定义微凸体和刚性平面之间的接触关系,接触计算属于非线性仿真的范畴,随着接触载荷的变化,接触区间也在变化。在接触设置中,将微凸体分割成的 8 个体积块的上表面定义成接触面,刚性平面和微凸体发生作用的下表面定义成为目标面。如图 3-8 所示,设置接触力只实现法向之间的传递。在接触的算法中,选择增广的拉格朗日法,该方法对于接触刚度不太敏感,相比其他接触算法,收敛更

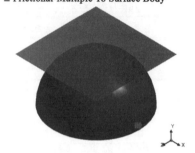

图 3-7　微凸体的几何分割　　　　　　　图 3-8　接触面的设置

容易一些[20]。

　　由于要模拟微凸体的弹性和弹塑性变形阶段,因此在材料的设置中需要引入材料的塑性特性,塑性是指在某种给定载荷下材料产生永久变形的一种材料属性,通常工程材料在受到载荷时,由于应力值并没有超过材料的屈服强度,此时材料的应力和应变关系是线性的,即表现出来的力学特性为弹性行为。但是当材料承受的载荷过大,超过了材料本身的屈服强度时,材料会发生不可逆的变形,此时就需要引入材料的一些塑性特性。模拟微凸体模型的材料选用屈服强度为 418 MPa,材料的塑性阶段采用 Multilinear Kinematic hardening(多线性随动强化模型)的本构关系,输入材料的塑性应变和应力值,当材料应力值为 418 MPa 时,定义塑性应变为 0。材料应力超过此数值之后,微凸体材料开始发生弹塑性变形。图 3-9 所示为划分网格之后的微凸体模型,由于对微凸体几何模型进行了分割,整个微凸体的有限元模型均由六面体单元构成,为了精确地模拟接触区域的数值,将接触曲面处的网格进行了细化,接触曲面单元的大小设置为 0.02 μm,此时微凸体的有限元模型包含 56 501 个单元,230 643 个节点。

　　由于几何模型尺寸极小,因此分析过程中单位系统设置为$(\mu m,kg,\mu N,s)$,这样在处理数值时就会产生很多便利。为了模拟微凸体各个阶段的力学特性,设置多个载荷步来模拟加载时微凸体的弹性、弹塑性、塑性阶段和卸载之后弹性变形恢复和塑性变形不可逆的过程。分析中对微凸体的加载和卸载过程是通过设置刚性平面的位移来实现的,通过设置不同的载荷步来逐步完成对微凸体的加载和卸载过程,通过设置多载荷步,不仅可以提高非线性运算的稳定性,同时在后处理过程中可以查看不同载荷步下的计算数值,便于对有限元分析数据的管理。分析过程共设置了 10 个载荷步,载荷步 1～6 为微凸体的加载模拟,刚性平面相对微凸体的位移从 0 μm 到 -0.03 μm,载荷步 7～10 为微凸体的卸载过程,刚性平面位移从 -0.03 μm 到 0.001 μm,逐步完成微凸体在加载完成之后的卸载过程。如图 3-10 所示为微凸体有限元模型加载-卸载的前处理。

　　图 3-11 所示为刚性平面对微凸体产生 $1.852\ 9\times10^{-4}$ μm 的变形时,微凸体的最大等效应力分布,该位移为前述理论模型计算得出的微凸体产生弹塑性变形的位移值,此时有限元模型中微凸体顶部单元的最大等效应力为 443 MPa,接近微凸体材料屈服强度 418 MPa,因此可以看出本章建立的理论模型和有限元模型在弹性临界变形量的计算上相接近。

　　图 3-12 所示为微凸体在刚性平面位移为 0.03 μm 时的等效应力分布,此时微凸体等效

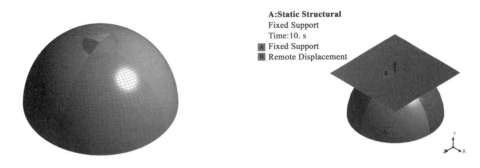

图 3-9　微凸体模型的网格划分　　　　图 3-10　微凸体模型加载-卸载前处理

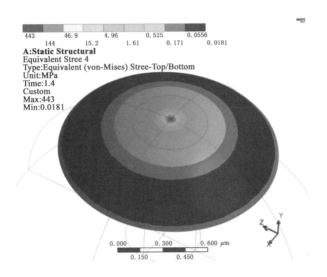

图 3-11　变形量为 $1.852\,9\times10^{-4}$ μm 时,微凸体的最大等效应力分布

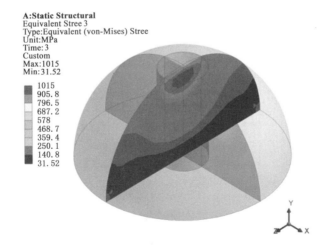

图 3-12　变形量为 0.03 μm 时,微凸体的最大等效应力分布

应力的最大值发生在微凸体的内部区域,通过定义切割平面,可以直观地看到微凸体内部的等效应力分布状况,此时微凸体内部最大等效应力值为 1 015 MPa,且大部分单元的应力值已经超过了材料的屈服极限,因此多数单元表现出了塑性特性。图 3-13 所示为微凸体的位移变形截面图,此时微凸体最大位移和刚性平面相一致,位移为 0.03 μm。图 3-14 所示为加载结束进行完全卸载后的微凸体位移变形,此时位移变形相比加载到最大阶段时降低,部分发生弹性变形的单元在卸载后恢复到原始的状态。

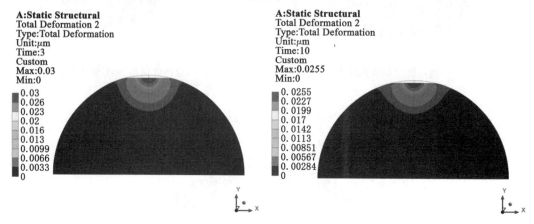

图 3-13　微凸体的位移变形截面图　　　　图 3-14　完全卸载后的微凸体位移变形

　　图 3-15 所示为卸载之后微凸体截面处的最大等效应力分布图,可见卸载之后微凸体应力值降低,但是由于产生的永久塑性变形导致微凸体部分单元产生了内应力。图 3-16 所示为刚性平面位移最大值时的微凸体曲面和刚性平面的接触状态,此时接触面积达到最大值。图 3-17所示为卸载过程中,刚性平面和微凸体的接触状态,由图可见,随着变形量的减小,微凸体和刚性平面的接触面积减小。图 3-18 所示为刚性平面设置反向位移卸载之后的微凸体和刚性平面的接触状态,此时微凸体和刚性平面已经完全分开,因此不存在任何接触状态。

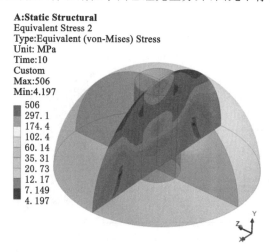

图 3-15　卸载之后微凸体截面处的最大等效应力分布

　　将有限元分析结果与前面所述多尺度微凸体理论模型作对比,在加载过程,各变形量对应

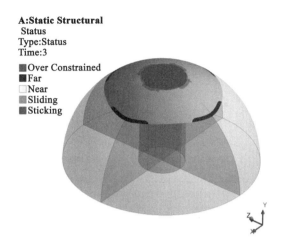

图 3-16　加载结束时微凸体曲面和刚性平面的接触状态

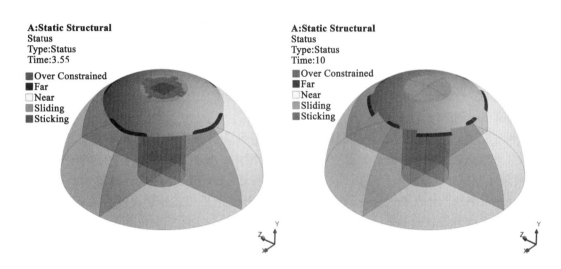

图 3-17　卸载过程中微凸体的
接触状态

图 3-18　卸载之后微凸体曲面和
刚性平面的接触状态

的法向接触载荷如表 3-2 所示。可见,加载过程变形量一定时,本章建立的多尺度微凸体法向接触载荷理论模型得到的值比有限元分析得到的值大,相对差值在 38.4%～60.4% 之间,但是两种计算方法得到的接触载荷变化趋势是一致的,如图 3-19 所示。根据图 3-19(a)、图 3-19(b)可见,在加载过程微凸体发生弹性、第一弹塑性、第二弹塑性变形时,基于有限元分析和本章建立的理论模型计算得出法向接触载荷与变形量的关系趋势是一致的,但是差值随着变形量增大而增大。

表 3-3 所示为卸载过程单个微凸体有限元分析结果与本章理论模型的对比。微凸体有限元分析的卸载过程利用刚性平面的反向位移来完成,当刚性平面反向产生位移时,微凸体处于弹性变形阶段的单元会恢复到初始状态,而产生塑性变形的单元则不会恢复。当弹性变形单元均恢复到初始状态时,微凸体和刚性平面之间的载荷则变为 0,即微凸体和刚性平面不存在接触状态。该过程的计算精度受限于单元的大小,因此在和理论计算数值进行对比时,刚性平

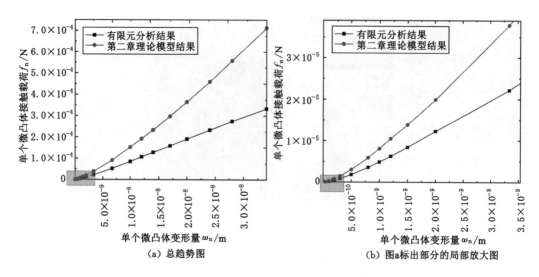

图 3-19 不同计算方法下加载过程单个微凸体接触载荷对比

面和微凸体之间的载荷减小到某一极小数值时,微凸体和刚性平面实现分离,不再有载荷的传递,从而出现表 3-3 所示,两种计算方法时的差值会在变形量减小到一定值时突然增大,这与微凸体最大变形量以及材料属性有关,且有限元分析得到的微凸体完全卸载后的变形量会大于理论模型得到的值。

通过表 3-3 的对比可见,在微凸体卸载初期两种计算方法对应的接触载荷差值处于 1.81%～33.34%,变化趋势一致且差值在合理范围内。虽然微凸体是基于微观方面的研究,有限元分析在设置时有一些困难,但在前处理阶段引入了具体的材料弹塑性参数,能更加客观地反映微凸体在不同变形阶段的接触特性,计算结果与实际情况较为接近。通过对比能看出本章所建立的多尺度微凸体接触载荷理论模型与实际值变化趋势一致,误差略大但有一定的参考价值。

表 3-2 加载过程有限元分析结果与本章理论模型对比

变形形式	变形量/m	微凸体法向接触载荷/N		
		有限元分析加载	理论模型加载过程	差值/%
弹性变形	$3.5×10^{-11}$	$2.861\ 3×10^{-8}$	$5.586\ 8×10^{-8}$	51.1
	$1.0×10^{-10}$	$1.119\ 4×10^{-7}$	$2.828\ 5×10^{-7}$	60.4
	$1.7×10^{-10}$	$3.144\ 8×10^{-7}$	$6.269\ 5×10^{-7}$	49.8
第一弹塑性变形	$2.0×10^{-10}$	$4.097\ 5×10^{-7}$	$8.154\ 1×10^{-7}$	49.7
	$3.0×10^{-10}$	$8.192\ 7×10^{-7}$	$1.453\ 1×10^{-6}$	43.6
	$5.0×10^{-10}$	$1.814\ 9×10^{-6}$	$3.009\ 1×10^{-6}$	39.68
	$8.0×10^{-10}$	$3.541\ 3×10^{-6}$	$5.879\ 1×10^{-6}$	39.76
	$1.0×10^{-9}$	$4.861×10^{-6}$	$8.08×10^{-6}$	39.8
	$1.2×10^{-9}$	$6.232\ 9×10^{-6}$	$1.047\ 7×10^{-5}$	40.5

表 3-2(续)

变形 形式	变形量/m	微凸体法向接触载荷/N		
		有限元分析加载	理论模型加载过程	差值/%
第二弹塑性变形	1.5×10^{-9}	8.406×10^{-6}	$1.383\ 9\times10^{-5}$	39.26
	2.0×10^{-9}	$1.225\ 5\times10^{-5}$	$1.990\ 3\times10^{-5}$	38.4
	3.33×10^{-9}	2.22×10^{-5}	$3.789\ 3\times10^{-5}$	41.4
	6.67×10^{-9}	$5.185\ 1\times10^{-5}$	$9.111\ 4\times10^{-5}$	43.09
	1.0×10^{-8}	$8.445\ 8\times10^{-5}$	$1.519\ 5\times10^{-4}$	44.4
	1.2×10^{-8}	$1.069\ 4\times10^{-4}$	1.913×10^{-4}	44.1
	1.4×10^{-8}	1.274×10^{-4}	$2.324\ 2\times10^{-4}$	45.2
	1.7×10^{-8}	1.578×10^{-4}	$2.970\ 1\times10^{-4}$	46.87
	2.0×10^{-8}	$1.899\ 6\times10^{-4}$	$3.646\ 8\times10^{-4}$	47.9
	2.4×10^{-8}	$2.324\ 5\times10^{-4}$	$4.591\ 2\times10^{-4}$	49.37
	2.8×10^{-8}	$2.739\ 9\times10^{-4}$	5.578×10^{-4}	50.88

表 3-3　卸载过程有限元分析结果与本章理论模型对比

变形量/m	微凸体法向接触载荷/N		
	有限元分析卸载过程	理论模型加载过程	差值/%
2.56×10^{-8}	$1.038\ 5\times10^{-6}$	$4.816\ 6\times10^{-5}$	—
2.58×10^{-8}	$3.048\ 3\times10^{-6}$	$4.905\ 4\times10^{-5}$	—
2.60×10^{-8}	$5.857\ 9\times10^{-6}$	$4.995\ 1\times10^{-5}$	—
2.625×10^{-8}	1.056×10^{-5}	$5.108\ 5\times10^{-5}$	383.76
2.65×10^{-8}	$1.633\ 3\times10^{-5}$	$5.223\ 4\times10^{-5}$	219.80
2.69×10^{-8}	$2.798\ 4\times10^{-5}$	$5.410\ 2\times10^{-5}$	93.33
2.73×10^{-8}	4.40×10^{-5}	$5.600\ 9\times10^{-5}$	27.29
2.76×10^{-8}	$6.295\ 6\times10^{-5}$	$6.746\ 3\times10^{-5}$	7.16
2.78×10^{-8}	$7.927\ 7\times10^{-5}$	$8.070\ 9\times10^{-5}$	1.81
2.80×10^{-8}	9.697×10^{-5}	$9.127\ 0\times10^{-5}$	4.95
2.825×10^{-8}	1.2×10^{-4}	$9.401\ 4\times10^{-5}$	21.65
2.85×10^{-8}	$1.438\ 3\times10^{-4}$	$9.587\ 8\times10^{-5}$	33.34
2.89×10^{-8}	$1.823\ 7\times10^{-4}$	$1.401\ 6\times10^{-4}$	23.14
2.93×10^{-8}	$2.212\ 2\times10^{-4}$	$2.611\ 4\times10^{-4}$	15.29
2.96×10^{-8}	$2.504\ 2\times10^{-4}$	$2.771\ 3\times10^{-4}$	9.64
2.98×10^{-8}	$2.709\ 2\times10^{-4}$	$2.879\ 2\times10^{-4}$	5.90

3.5 本章小结

本章阐述了分形理论的产生及其性质,建立了多尺度微凸体弹塑性变形机制加-卸载过程接触特性模型,并利用有限元分析方法对其进行验证,得出如下结论:

(1)本章得出了多尺度微凸体各变形阶段的临界尺度级数,结合面多尺度微凸体的接触力学性能与微凸体的尺度级数有关,而微凸体的尺度级数与分形维数和轮廓尺度参数有关。建立了多尺度微凸体加载过程接触理论模型,得出结论:多尺度微凸体随载荷和变形量的增大接触面积逐渐增大,微凸体依次发生弹性变形、第一弹塑性变形、第二弹塑性变形、完全塑性变形,在恒定载荷和变形量情况下,微凸体的实际接触面积与微凸体本身顶点处的曲率半径相关。

(2)建立了多尺度微凸体在卸载过程发生第一弹塑性变形、第二弹塑性变形时的接触载荷、接触刚度理论模型,接触载荷除与分形参数有关以外,还与材料属性以及最大接触面积和临界接触面积有关。

(3)通过有限元分析结果与理论模型的对比可以验证该理论模型有一定的参考价值,但是误差较大,为接下来研究考虑接触表面硬度变化、摩擦因素影响时微凸体以及结合面的接触特性提供了非常重要的理论依据。

参 考 文 献

[1] 赵功,王宝瑞,于广,等.螺栓预紧力对螺栓结合面特性参数的影响规律研究[J].机械强度,2018,40(2):392-397.

[2] 葛世荣.粗糙表面的分形特征与分形表达研究[J].摩擦学学报,1997,17(1):73-80.

[3] MANDELBROT B. How long is the coast of Britain? Statistical self-similarity and fractional dimension[J]. Science,1967,156(3775):636-638.

[4] B MANDELBORT. The fractal geometry of nature[M]. New York:Freeman,1982.

[5] 孙毅兴.利用碎形理论建立量测讯号即时检测技术与磨润行为的研究[D].吉隆坡:成功大,2010.

[6] FERNÁNDEZ-MARTÍNEZ M,SÁNCHEZ-GRANERO M A. Fractal dimension for fractal structures[J]. Topology and Its Applications,2014,163:93-111.

[7] (美)B.布尚(Bharat Bhushan)著,葛世荣译.摩擦学导论[M].北京:机械工业出版社,2007.

[8] MAJUMDAR A,BHUSHAN B. Role of fractal geometry in roughness characterization and contact mechanics of surfaces[J]. Journal of Tribology,1990,112(2):205-216.

[9] MAJUMDAR A,TIEN C L. Fractal characterization and simulation of rough surfaces[J]. Wear,1990,136(2):313-327.

[10] MAJUMDAR A, BHUSHAN B. Fractal model of elastic-plastic contact between rough surfaces[J]. Journal of Tribology,1991,113(1):1-11.

[11] 成雨,原园,甘立,等.尺度相关的分形粗糙表面弹塑性接触力学模型[J].西北工业大

学学报,2016,34(3):485-492.

[12] 成雨.三维分形表面的接触性能研究[D].西安:西安理工大学,2017.

[13] 李小彭,潘五九,高建卓,等.结合面形貌特性对模态耦合不稳定系统的影响[J].机械工程学报,2017,53(5):116-127.

[14] KOGUT L,ETSION I. Elastic-plastic contact analysis of a sphere and a rigid flat[J]. Journal of Applied Mechanics,2002,69(5):657-662.

[15] ETSION I,KLIGERMAN Y,KADIN Y. Unloading of an elastic-plastic loaded spherical contact[J]. International Journal of Solids and Structures,2005,42(13):3716-3729.

[16] 张学良,陈永会,温淑花,等.考虑弹塑性变形机制的结合面法向接触刚度建模[J].振动工程学报,2015,28(1):91-99.

[17] ZOLOTAREVSKIY V,KLIGERMAN Y,ETSION I. Elastic-plastic spherical contact under cyclic tangential loading in pre-sliding[J].Wear,2011,270(11/12):888-894.

[18] OVCHARENKO A,HALPERIN G,VERBERNE G,et al. In situ investigation of the contact area in elastic-plastic spherical contact during loading – unloading[J]. Tribology Letters,2007,25(2):153-160.

[19] 瞿琨,王崴,肖强明,等.基于 ANSYS 的真实粗糙表面微观接触分析[J].机械设计与制造,2012(8):72-74.

[20] 王颜辉.结合面加-卸载接触特性多尺度分形理论建模及验证[D].太原:太原科技大学,2021.

4 考虑硬度变化的结合面加载过程接触特性多尺度分形模型

4.1 引　　言

硬度作为表征材料弹性、塑性、强度和韧性等力学性能的重要指标,其值的变化与否直接关系到计算的准确性。根据应变硬化准则,在载荷作用下,随着结合面变形量的增大,接触表面变形后的平均硬度值增大。塑性变形程度增大,加工硬化及位错强化程度增大,表现为材料的硬度增大。基于前期的研究成果,依据分形理论,本章内容考虑到结合面弹塑性变形阶段加载过程中,接触表面材料的硬度 H 随着结合面接触变形量的变化而变化,预期构建一种接触表面硬度变化函数,从而建立考虑硬度变化的结合面单次加载过程多尺度接触分形理论模型。该模型的建立能更加科学合理地描述结合面的微观和宏观接触状态,以期为机械零件表面的接触、摩擦、磨损以及润滑等问题的研究提供一些理论依据。

根据第 3 章式(3-34)和式(3-38),多尺度微凸体在加载过程中发生弹塑性变形时的接触载荷 f_{nep1} 和 f_{nep2} 均与材料硬度 H 相关,但是根据塑性强化原理,当材料发生屈服后硬度 H 并不是恒量,而是一个与变形量相关的函数,文献[1]通过有限元分析也验证了材料硬度会随变形量的改变而发生变化[1]。文献[2]中提出通过构建硬度变化函数来研究硬度变化对加载过程结合面接触特性的影响,为了更好地研究结合面的接触特性,针对多尺度微凸体第一、第二弹塑性变形阶段分别建立极限平均几何硬度函数。

4.2 考虑硬度变化的多尺度微凸体加载过程接触模型

参照式(3-34)、式(3-38),将微凸体发生弹塑性变形时的极限平均几何硬度函数拟合为如下分段关系式:

多尺度微凸体发生第一弹塑性变形阶段:

$$H_{G1}(a_n) = c_1 Y \left(\frac{a_n}{a_{nec}}\right)^{c_2} \qquad (a_{nec} < a_n \leqslant a_{nepc}) \tag{4-1}$$

多尺度微凸体发生第二弹塑性变形阶段:

$$H_{G2}(a_n) = c_3 Y \left(\frac{a_n}{a_{nec}}\right)^{c_4} \qquad (a_{nepc} < a_n \leqslant a_{npc}) \tag{4-2}$$

其中,c_1、c_2、c_3、c_4 为待求系数。

4.2.1 多尺度微凸体第一弹塑性变形阶段接触特性

对于第一弹塑性变形阶段,公式(4-1)应满足的两个边界条件为:

$$H_{G1}(a_{nec}) = p_{ea}(a_{nec}) \tag{4-3}$$

$$H_{G1}(a_{nepc}) = p_{epa1}(a_{nepc}) \tag{4-4}$$

其中，$p_{ea}(a)$ 为多尺度微凸体弹性变形阶段平均接触压强，由 $p_{ea}(a) = \dfrac{f_{ne}}{a_n}$ 得到；$p_{epa1}(a)$ 为多

尺度微凸体第一弹塑性变形阶段平均接触压强，由 $p_{epa1}(a) = \dfrac{f_{nep1}}{a_n}$ 得到。

将公式(3-28)、式(4-1)代入式(4-3)中得：

$$c_1 Y = KH \tag{4-5}$$

$$c_1 = 2.8K \tag{4-6}$$

将式(3-30)、式(4-1)代入式(4-4)中得：

$$\frac{2}{3}KH \times 1.128\, 2a_{nec}^{-0.254\,4} \times (7.119\,7a_{nec})^{0.254\,4} = 2.8KY \times 7.119\,7^{c_2} \tag{4-7}$$

简化整理式(4-7)得：

$$c_2 = \frac{\ln\left(\dfrac{2}{3} \times 1.128\,2 \times 7.119\,7^{0.254\,4}\right)}{\ln 7.119\,7} \tag{4-8}$$

此处建立的平均几何硬度函数均与文献[2]不同，故后面建立的多尺度微凸体接触特性理论模型亦不同于文献[2]。

考虑硬度随变形量变化的情况下，多尺度微凸体在第一弹塑性变形阶段所受的法向接触载荷为：

$$f'_{nep1} = H_{G1}(a_n)a_n \tag{4-9}$$

将式(4-1)、式(4-6)、式(4-8)代入式(4-9)得：

$$f'_{nep1} = 2.8KYa_{nec}^{-c_2}a_n^{c_2+1} \tag{4-10}$$

将式(3-26)代入式(4-10)得：

$$f'_{nep1} = \left(\frac{3}{4E'}\right)^{-2c_2}(KH\pi)^{1-2c_2}R_n^{1-c_2}\omega_n^{c_2+1} \tag{4-11}$$

得出此种情况下多尺度微凸体在第一弹塑性变形阶段的法向接触刚度为：

$$k'_{nep1} = \frac{\mathrm{d}f'_{nep1}}{\mathrm{d}\omega_n} = \frac{(c_2+1)}{\pi}\left(\frac{3}{4E'}\right)^{-2c_2}(KH)^{1-2c_2}\left(\frac{\gamma^{-nD}}{G^{D-1}}\right)^{1-c_2}\omega_n^{c_2+1} \tag{4-12}$$

4.2.2 多尺度微凸体第二弹塑性变形阶段接触特性

对于第二弹塑性变形阶段，式(4-2)应满足的两个边界条件为：

$$H_{G2}(a_{nepc}) = p_{epa1}(a_{nepc}) \tag{4-13}$$

$$H_{G2}(a_{npc}) = p_{epa2}(a_{npc}) \tag{4-14}$$

其中，$p_{epa2}(a_n) = \dfrac{f_{nep2}}{a_n}$，是多尺度微凸体在第二弹塑性变形阶段的平均接触压强。

将式(3-30)、式(4-2)代入式(4-13)得：

$$c_3(7.119\,7)^{c_4} = \frac{2}{3}K \times 2.8 \times 1.128\,2 \times (7.119\,7)^{0.254\,4} \tag{4-15}$$

将式(3-31)、式(4-2)代入式(4-14)得：

$$c_3(205.382\,7)^{c_4} = \frac{2}{3}K \times 2.8 \times 1.498\,8 \times (205.382\,7)^{0.102\,1} \tag{4-16}$$

联立式(4-15)、式(4-16)得：

$$c_4 = \frac{\ln 1.128\ 2 + 0.254\ 4\ln 7.119\ 7 - \ln 1.498\ 8 - 0.102\ 1\ln 205.382\ 7}{\ln 7.119\ 7 - \ln 205.382\ 7} \tag{4-17}$$

将式(4-17)代入式(4-15)得:

$$c_3 = \frac{6.317\ 92}{3} \cdot 7.119\ 7^{0.254\ 4 - c_4} K \tag{4-18}$$

考虑硬度随变形量变化的情况下,多尺度微凸体在第二弹塑性变形阶段所受的法向接触载荷为:

$$f'_{nep2} = H_{G2}(a_n) a_n \tag{4-19}$$

将式(4-2)、式(4-17)、式(4-18)代入式(4-19)得:

$$f'_{nep2} = \frac{6.317\ 92}{3} \times 7.119\ 7^{0.254\ 4 - c_4} KY a_{nec}^{-c_4} a_n^{c_4+1} \tag{4-20}$$

将式(3-26)代入式(4-20)并整理得:

$$f'_{nep2} = 1.128\ 2 \times 7.119\ 7^{0.254\ 4 - c_4} \left(\frac{3}{4E'}\right)^{-2c_4} (KH\pi)^{1-2c_4} R_n^{1-c_4} \omega_n^{c_4+1} \tag{4-21}$$

由此得出此种情况下多尺度微凸体的法向接触刚度为:

$$k'_{nep2} = \frac{\mathrm{d}f_{nep2}}{\mathrm{d}\omega_n} = \frac{1.128\ 2(c_4+1)(KH)^{1-2c_4} \omega_n^{c_4}}{7.119\ 7^{c_4-0.254\ 4}\pi} \left(\frac{3}{4E'}\right)^{-2c_4} \left(\frac{\gamma^{-nD}}{G^{D-1}}\right)^{1-c_4} \tag{4-22}$$

4.2.3 多尺度微凸体弹性、完全塑性变形阶段接触特性

当多尺度微凸体变形量 $\omega_n < \omega_{nec}$ 时,其处于完全弹性变形阶段,根据赫兹理论,此变形阶段其接触载荷为:

$$f'_{ne} = \frac{4}{3} E' R_n^{1/2} \omega_n^{3/2}$$

此时多尺度微凸体法向接触刚度为:

$$k'_{ne} = \frac{\mathrm{d}f'_{ne}}{\mathrm{d}\omega_n} = \frac{2E'}{\pi} \left(\frac{\omega_n \gamma^{-nD}}{G^{D-1}}\right)^{1/2} \tag{4-23}$$

当多尺度微凸体变形量 $\omega_n > 110\omega_{nec}$ 时,其处于完全塑性变形阶段,在此变形阶段材料的硬度不再受到变形量的影响,认为是一个常量,当材料给定时,多尺度微凸体的接触载荷为:

$$f'_{np} = 2H\pi R_n \omega_n \tag{4-24}$$

4.3 结合面加载过程接触面积、接触载荷多尺度分形模型

Majumdar 等在文献[3]中指出海洋面岛屿的面积分布同分形结合面上微凸体的分布函数类似,并提出各向同性结合面上接触点的面积分布密度为[3]:

$$n(a) = \frac{1}{2} D \cdot \frac{a_l^{D/2}}{a^{(D+2)/2}} \quad (a_S \leqslant a \leqslant a_L) \tag{4-25}$$

其中,a_S 为最小接触点面积;a_L 为最大接触点面积。由于粗糙表面在纳米级甚至更小的尺度上也是分形的,可以假设最小接触点面积 $a_S \rightarrow 0$,当 $a \rightarrow 0$ 时,可认为微凸体数量趋于无穷,随机变量 a 的范围可定为:$(0 < a \leqslant a_L)$。

根据文献[4]定义尺度级数为 n 时结合面上微凸体的面积分布密度函数为[4]:

$$n_{\mathrm{n}}(a_{\mathrm{n}}) = \frac{1}{2}D \cdot \frac{a_{\mathrm{nl}}^{D/2}}{a_{\mathrm{n}}^{(D+2)/2}} \qquad (0 < a_{\mathrm{n}} \leqslant a_{\mathrm{nl}}, 1 < D < 2) \tag{4-26}$$

其中，a_{nl} 是多尺度微凸体最大接触面积。

参考文献[5]，在此设当尺度级数为 n 时，所有多尺度微凸体的面积分布函数均为：$n_n(a_n) = Nn(a_n)$，从而得出结合面实际接触面积为[5]：

$$A_{\mathrm{r}} = \sum_{n=n_{\min}}^{n_{\max}} \int_0^{a_{\mathrm{nl}}} n_{\mathrm{n}}(a_{\mathrm{n}}) a_{\mathrm{n}} \mathrm{d}a_{\mathrm{n}} = N \sum_{n=n_{\min}}^{n_{\max}} \int_0^{a_{\mathrm{nl}}} n(a_{\mathrm{n}}) a_{\mathrm{n}} \mathrm{d}a_{\mathrm{n}} \tag{4-27}$$

其中，N 的公式如下：

$$N = \frac{a_{\mathrm{l}}}{\sum\limits_{n=n_{\min}}^{n_{\max}} a_{\mathrm{nl}}} \qquad (n_{\min} \leqslant n \leqslant n_{\max}, a_{\mathrm{l}} = \max\{a_{\mathrm{nl}}\}) \tag{4-28}$$

4.3.1　第一尺度级数范围时结合面接触面积、接触载荷分形模型

第一尺度级数范围即当 $n_{\min} < n \leqslant n_{\mathrm{ec}}$ 时，多尺度微凸体即使发生全变形也只会出现弹性变形，此时 $a_{\mathrm{nl}} < a_{\mathrm{nec}}$。此种情况下结合面实际接触面积为 A_{rl}：

$$A_{\mathrm{rl}} = \sum_{n=n_{\min}}^{n_{\mathrm{ec}}} \int_0^{a_{\mathrm{nl}}} Nn(a_{\mathrm{n}}) a_{\mathrm{n}} \mathrm{d}a_{\mathrm{n}} = \frac{ND}{2-D} \sum_{n=n_{\min}}^{n_{\mathrm{ec}}} a_{\mathrm{nl}} \tag{4-29}$$

此种情况下，结合面法向接触载荷为：

$$F_{\mathrm{rl}} = \sum_{n=n_{\min}}^{n_{\mathrm{ec}}} \int_0^{a_{\mathrm{nl}}} f_{\mathrm{ne}} Nn(a_{\mathrm{n}}) \mathrm{d}a_{\mathrm{n}} \tag{4-30}$$

将式(3-28)代入式(4-30)得：

$$F_{\mathrm{rl}} = \frac{ND}{3-D} \sum_{n=n_{\min}}^{n_{\mathrm{ec}}} \frac{4E'\pi^{1/2}G^{(D-1)}}{3\gamma^{-\mathrm{Dn}}} a_{\mathrm{nl}}^{3/2} \tag{4-31}$$

4.3.2　第二尺度级数范围时结合面接触面积、接触载荷分形模型

第二尺度级数范围即当 $n_{\mathrm{ec}} < n \leqslant n_{\mathrm{epc}}$ 时，此时 $a_{\mathrm{nec}} < a_{\mathrm{nl}} \leqslant a_{\mathrm{nepc}}$，多尺度微凸体可以发生弹性变形或第一弹塑性变形，此时结合面实际接触面积包括弹性变形阶段和第一弹塑性变形阶段两部分：

$$A_{\mathrm{r2}} = A_{\mathrm{re},2} + A_{\mathrm{rep1},2} \tag{4-32}$$

$$A_{\mathrm{re},2} = \sum_{n=n_{\mathrm{ec}}+1}^{n_{\mathrm{epc}}} \int_0^{a_{\mathrm{nec}}} Nn(a_{\mathrm{n}}) a_{\mathrm{n}} \mathrm{d}a_{\mathrm{n}} = \frac{ND}{2-D} \sum_{n=n_{\mathrm{ec}}+1}^{n_{\mathrm{epc}}} a_{\mathrm{nec}}^{(2-D)/2} a_{\mathrm{nl}}^{D/2} \tag{4-33}$$

对于确定的尺度级数，同一微凸体的最大实际接触面积出现在变形量 ω_{n} 最大时，在弹性变形阶段 ω_{n} 的最大值出现在 ω_{nec} 处，于是式(4-33)简化为：

$$A_{\mathrm{re},2} = \frac{ND}{2-D} \sum_{n=n_{\mathrm{ec}}+1}^{n_{\mathrm{epc}}} a_{\mathrm{nec}} = \frac{ND}{(2-D)\pi} \sum_{n=n_{\mathrm{ec}}+1}^{n_{\mathrm{epc}}} \left[\frac{3KH\gamma^{-\mathrm{Dn}}}{4G^{(D-1)}E'} \right]^2 \tag{4-34}$$

同理，

$$A_{\mathrm{rep1},2} = \sum_{n=n_{\mathrm{ec}}+1}^{n_{\mathrm{epc}}} \int_{a_{\mathrm{nec}}}^{a_{\mathrm{nl}}} Nn(a_{\mathrm{n}}) a_{\mathrm{n}} \mathrm{d}a_{\mathrm{n}} = \frac{ND}{2-D} \sum_{n=n_{\mathrm{ec}}+1}^{n_{\mathrm{epc}}} \left[a_{\mathrm{nl}}^{(2-D)/2} - a_{\mathrm{nec}}^{(2-D)/2} \right] a_{\mathrm{nl}}^{D/2} \tag{4-35}$$

此情况下，结合面法向接触载荷为：

$$F_{r2} = F_{re,2} + F_{rep1,2} \tag{4-36}$$

其中，$F_{re,2}$ 和 $F_{rep1,2}$：

$$F_{re,2} = \sum_{n=n_{ec}+1}^{n_{epc}} \int_0^{a_{nec}} f_{ne} N n(a_n) \mathrm{d}a_n = \frac{4ND}{3(3-D)} E' \pi^{1/2} G^{(D-1)} \sum_{n=n_{ec}+1}^{n_{epc}} \gamma^{Dn} a_{nl}^{D/2} a_{nec}^{(3-D)/2}$$

$$= \frac{9ND(KH)^3}{16(3-D)(E'\pi G^{D-1})^2} \sum_{n=n_{ec}+1}^{n_{epc}} \gamma^{-2Dn} \tag{4-37}$$

$$F_{rep1,2} = \sum_{n=n_{ec}+1}^{n_{epc}} \int_{a_{nec}}^{a_{nl}} f'_{nep1} N n(a_n) \mathrm{d}a_n \tag{4-38}$$

将式(4-10)、式(4-26)代入式(4-38)得：

$$F_{rep1,2} = \frac{2.8KYND}{2c_2 - D + 2} \sum_{n=n_{ec}+1}^{n_{epc}} \left[a_{nec}^{-c_2} a_{nl}^{c_2+1} - a_{nec}^{(2-D)/2} a_{nl}^{D/2} \right] \tag{4-39}$$

4.3.3 第三尺度级数范围时结合面接触面积、接触载荷分形模型

第三尺度级数范围即当 $n_{epc} < n \leqslant n_{pc}$ 时，此时 $a_{nepc} < a_{nl} \leqslant a_{npc}$，微凸体可以发生弹性变形或第一弹塑性变形或第二弹塑性变形，此时结合面实际接触面积由三部分组成：

$$A_{r3} = A_{re,3} + A_{rep1,3} + A_{rep2,3} \tag{4-40}$$

其中，$A_{re,3}$、$A_{rep1,3}$、$A_{rep2,3}$ 分别对应发生弹性、第一、第二弹塑性变形的接触面积：

$$A_{re,3} = \sum_{n=n_{epc}+1}^{n_{pc}} \int_0^{a_{nec}} N n(a_n) a_n \mathrm{d}a_n = \frac{ND}{(2-D)\pi} \sum_{n=n_{epc}+1}^{n_{pc}} \left(\frac{3KH\gamma^{-Dn}}{4G^{D-1}E'} \right)^2 \tag{4-41}$$

$$A_{rep1,3} = \sum_{n=n_{epc}+1}^{n_{pc}} \int_{a_{nec}}^{a_{nepc}} N n(a_n) a_n \mathrm{d}a_n = \frac{(7.1197 - 7.1197^{D/2})ND}{\pi(2-D)} \sum_{n=n_{epc}+1}^{n_{pc}} \left(\frac{3KH\gamma^{-Dn}}{4G^{D-1}E'} \right)^2 \tag{4-42}$$

$$A_{rep2,3} = \sum_{n=n_{epc}+1}^{n_{pc}} \int_{a_{nepc}}^{a_{nl}} N n(a_n) a_n \mathrm{d}a_n = \frac{ND}{(2-D)} \sum_{n=n_{epc}+1}^{n_{pc}} \left[a_{nl}^{(2-D)/2} - (7.1197 a_{nec})^{(2-D)/2} \right] a_{nl}^{D/2} \tag{4-43}$$

此情况下，结合面法向接触载荷为：

$$F_{r3} = F_{re,3} + F_{rep1,3} + F_{rep2,3} \tag{4-44}$$

其中，$F_{re,3}$ 和 $F_{rep1,3}$ 为：

$$F_{re,3} = \sum_{n=n_{epc}+1}^{n_{pc}} \int_0^{a_{nec}} f_{ne} N n(a_n) \mathrm{d}a_n = \frac{4ND}{3(3-D)} E' \pi^{1/2} G^{(D-1)} \sum_{n=n_{epc}+1}^{n_{pc}} \gamma^{Dn} a_{nl}^{D/2} a_{nec}^{(3-D)/2}$$

$$= \frac{9ND(KH)^3}{16(3-D)(E'\pi G^{D-1})^2} \sum_{n=n_{epc}+1}^{n_{pc}} \gamma^{-2Dn} \tag{4-45}$$

$$F_{rep1,3} = \frac{2.8KYND}{2c_2 - D + 2} \left[7.1197^{(c_2 - \frac{D}{2}+1)} - 1 \right] \sum_{n=n_{epc}+1}^{n_{pc}} a_{nec}^{1-\frac{D}{2}} a_{nl}^{\frac{D}{2}} \tag{4-46}$$

整理得：

$$F_{rep1,3} = \frac{2.8KYND}{2c_2 - D + 2} (7.1197^{c_2+1} - 7.1197^{D/2}) \sum_{n=n_{epc}+1}^{n_{pc}} \frac{1}{\pi} \left(\frac{3KH\gamma^{-Dn}}{4G^{D-1}E'} \right)^2 \tag{4-47}$$

发生第二弹塑性变形时结合面法向接触载荷为：

$$F_{\text{rep2,3}} = \sum_{n=n_{\text{epc}}+1}^{n_{\text{pc}}} \int_{a_{\text{nepc}}}^{a_{\text{nl}}} f'_{\text{nep2}} Nn(a_{\text{n}}) \mathrm{d}a_{\text{n}} \tag{4-48}$$

将式(4-20)、式(4-26)代入式(4-48)得:

$$F_{\text{rep2,3}} = \frac{2.106 \times 7.119\,7^{0.254\,4-c_4} KYND}{2c_4-D+2} \sum_{n=n_{\text{epc}}+1}^{n_{\text{pc}}} (a_{\text{nec}}^{-c_4} a_{\text{nl}}^{c_4+1} - 7.119\,7^{c_4-\frac{D}{2}+1} a_{\text{nec}}^{1-\frac{D}{2}} a_{\text{nl}}^{\frac{D}{2}}) \tag{4-49}$$

4.3.4　第四尺度级数范围时结合面接触面积、接触载荷分形模型

第四尺度级数范围即当 $n > n_{\text{pc}}$ 时,此种情况下的多尺度微凸体可能会发生弹性变形、弹塑性变形或完全塑性变形,结合面实际接触面积为:

$$A_{\text{r4}} = A_{\text{re,4}} + A_{\text{rep1,4}} + A_{\text{rep2,4}} + A_{\text{rp,4}} \tag{4-50}$$

其中,$A_{\text{re,4}}$、$A_{\text{rep1,4}}$、$A_{\text{rep2,4}}$ 和 $A_{\text{rp,4}}$ 分别为:

$$A_{\text{re,4}} = \sum_{n=n_{\text{pc}}+1}^{n_{\max}} \int_0^{a_{\text{nec}}} Nn(a_{\text{n}}) a_{\text{n}} \mathrm{d}a_{\text{n}} = \frac{ND}{2-D} \sum_{n=n_{\text{pc}}+1}^{n_{\max}} a_{\text{nec}}$$

$$A_{\text{rep1,4}} = \sum_{n=n_{\text{pc}}+1}^{n_{\max}} \int_{a_{\text{nec}}}^{a_{\text{nepc}}} Nn(a_{\text{n}}) a_{\text{n}} \mathrm{d}a_{\text{n}} = \frac{ND}{2-D}(7.119\,7 - 7.119\,7^{D/2}) \sum_{n=n_{\text{pc}}+1}^{n_{\max}} a_{\text{nec}}$$

$$A_{\text{rep2,4}} = \sum_{n=n_{\text{pc}}+1}^{n_{\max}} \int_{a_{\text{nepc}}}^{a_{\text{npc}}} Nn(a_{\text{n}}) a_{\text{n}} \mathrm{d}a_{\text{n}} = \frac{(205.382\,7 - 7.119\,7^{1-\frac{D}{2}} \cdot 205.382\,7^{\frac{D}{2}})ND}{2-D} \sum_{n=n_{\text{pc}}+1}^{n_{\max}} a_{\text{nec}}$$

$$A_{\text{rp,4}} = \sum_{n=n_{\text{pc}}+1}^{n_{\max}} \int_{a_{\text{npc}}}^{a_{\text{nl}}} Nn(a_{\text{n}}) a_{\text{n}} \mathrm{d}a_{\text{n}} = \frac{ND}{2-D} \sum_{n=n_{\text{pc}}+1}^{n_{\max}} [a_{\text{nl}}^{(2-D)/2} - (205.382\,7 a_{\text{nec}})^{(2-D)/2}] a_{\text{nl}}^{D/2}$$

这种情况下结合面法向接触载荷为:

$$F_{\text{r4}} = F_{\text{re,4}} + F_{\text{rep1,4}} + F_{\text{rep2,4}} + F_{\text{rp,4}} \tag{4-51}$$

其中,$F_{\text{re,4}}$、$F_{\text{rep1,4}}$、$F_{\text{rep2,4}}$ 和 $F_{\text{rp,4}}$ 分别为:

$$F_{\text{re,4}} = \sum_{n=n_{\text{pc}}+1}^{n_{\max}} \int_0^{a_{\text{nec}}} f_{\text{ne}} Nn(a_{\text{n}}) \mathrm{d}a_{\text{n}} = \frac{NDKH}{(3-D)\pi} \sum_{n=n_{\text{pc}}+1}^{n_{\max}} a_{\text{nec}}$$

$$F_{\text{rep1,4}} = \sum_{n=n_{\text{pc}}+1}^{n_{\max}} \int_{a_{\text{nec}}}^{a_{\text{nepc}}} f'_{\text{nep1}} Nn(a_{\text{n}}) \mathrm{d}a_{\text{n}} = \frac{2.8KYND}{2c_2-D+2}(7.119\,7^{c_2+1} - 7.119\,7^{D/2}) \sum_{n=n_{\text{pc}}+1}^{n_{\max}} a_{\text{nec}}$$

$$F_{\text{rep2,4}} = \frac{2.106 \times 7.119\,7^{0.254\,4-c_4} KYND}{2c_4-D+2} \sum_{n=n_{\text{pc}}+1}^{n_{\max}} (a_{\text{nec}}^{-c_4} a_{\text{nl}}^{c_4+1} - 7.119\,7^{c_4-\frac{D}{2}+1} a_{\text{nec}}^{1-\frac{D}{2}} a_{\text{nl}}^{\frac{D}{2}})$$

$$= \frac{2.106 \times 7.119\,7^{0.254\,4-c_4} KYND}{2c_4-D+2}(205.382\,7^{c_4+1} - 205.382\,7^{\frac{D}{2}} \cdot 7.119\,7^{c_4-\frac{D}{2}+1}) \sum_{n=n_{\text{pc}}+1}^{n_{\max}} a_{\text{nec}}$$

$$F_{\text{rp,4}} = \sum_{n=n_{\text{pc}}+1}^{n_{\max}} \int_{a_{\text{npc}}}^{a_{\text{nl}}} f_{\text{np}} Nn(a_{\text{n}}) \mathrm{d}a_{\text{n}} = \frac{NHD}{2-D} \sum_{n=n_{\text{pc}}+1}^{n_{\max}} a_{\text{nl}}^{D/2} [a_{\text{nl}}^{1-\frac{D}{2}} - (205.382\,7 a_{\text{nec}})^{1-\frac{D}{2}}]$$

对于所有尺度级数下结合面总实际接触面积为:

$$A_{\text{r}} = A_{\text{r1}} + A_{\text{r2}} + A_{\text{r3}} + A_{\text{r4}} \tag{4-52}$$

结合面总接触载荷为:

$$F_{\text{r}} = F_{\text{r1}} + F_{\text{r2}} + F_{\text{r3}} + F_{\text{r4}} \tag{4-53}$$

分别对结合面总实际接触面积和总接触载荷进行无量纲化:

$$A_{\text{r}}^* = \frac{A_{\text{r}}}{A_{\text{a}}} \tag{4-54}$$

$$F_r^* = \frac{F_r}{A_a E} \tag{4-55}$$

其中，A_a 为结合面名义接触面积，$A_a = L^2$，$L = 1/\gamma^{n_{\min}}$。

4.4 考虑硬度变化的结合面加载过程接触刚度多尺度分形模型

4.4.1 各尺度级数范围时结合面接触刚度分形模型

（1）当尺度级数为 $n_{\min} < n \leqslant n_{ec}$ 时

相应的结合面在该阶段的法向接触刚度为：

$$K_{n1} = \sum_{n=n_{\min}}^{n_{ec}} \int_0^{a_{nl}} k_{ne} n_n(a_n) \mathrm{d}a_n = \sum_{n=n_{\min}}^{n_{ec}} \left(\frac{2DN\pi^{-1/2}}{5+D} E' a_{nl}^{\frac{2D+5}{2}} \right) \tag{4-56}$$

（2）当尺度级数为 $n_{ec} < n \leqslant n_{epc}$ 时

相应的结合面在该阶段的法向接触刚度为：

$$
\begin{aligned}
K_{n2} =& \sum_{n=n_{ec}+1}^{n_{epc}} \left[\int_0^{a_{nec}} k_{ne} n_n(a_n) \mathrm{d}a_n + \int_{a_{nec}}^{a_{nl}} k_{nep1} n_n(a_n) \mathrm{d}a_n \right] \\
=& \sum_{n=n_{ec}+1}^{n_{epc}} \left[\frac{2DN\pi^{0.5}}{1-D} E' a_{nl}^{0.5D} a_{nec}^{0.5(1-D)} \right] + \\
& \frac{(c_2+1)DKHN}{1.760\,6 c_2} \sum_{n=n_{ec}+1}^{n_{epc}} \left\{ \frac{\gamma^{-nD} a_{nl}^{0.5D} \left[a_{nl}^{(1.760\,6 c_2-D)/2} - a_{nec}^{(1.760\,6 c_2-D)/2} \right]}{(0.93 a_{nec})^{0.880\,3 c_2} \pi G^{D-1}} \right\}
\end{aligned}
\tag{4-57}
$$

（3）当尺度级数为 $n_{epc} < n \leqslant n_{pc}$ 时

相应的结合面在该阶段的法向接触刚度为：

$$K_{n3} = \sum_{n=n_{epc}+1}^{n_{pc}} \left[\int_0^{a_{nec}} k_{ne} n_n(a_n) \mathrm{d}a_n + \int_{a_{nec}}^{a_{nepc}} k_{nep1} n_n(a_n) \mathrm{d}a_n + \int_{a_{nepc}}^{a_{nl}} k_{nep2} n_n(a_n) \mathrm{d}a_n \right] \tag{4-58}$$

其中，

$$\int_{a_{nec}}^{a_{nepc}} k_{nep1} n_n(a_n) \mathrm{d}a_n = \frac{(c_2+1)DKHN(7.119\,7^{(1.760\,6 c_2-D)/2}-1)a_{nl}^{0.5D}}{0.93^{0.880\,3 c_2} \pi G^{D-1} \gamma^{nD} a_{nec}^{0.5D}(1.760\,6 c_2-D)} \tag{4-59}$$

$$
\begin{aligned}
&\int_{a_{nepc}}^{a_{nl}} k_{nep2} n_n(a_n) \mathrm{d}a_n \\
=& \frac{0.564\,1 \times 7.119\,7^{0.254\,4-c_4} DN(KH)^3}{[0.872\,6(c_4+1)-0.5D]\pi G^{D-1} \gamma^{2nD}} \cdot \left(\frac{3}{4E'} \right)^2 (0.94 a_{nec})^{-0.872\,6(c_4+1)} \times \\
& a_{nl}^{0.5D} \left[a_{nl}^{0.872\,6(c_4+1)-0.5D} - (7.119\,7 a_{nec})^{0.872\,6(c_4+1)-0.5D} \right]
\end{aligned}
\tag{4-60}
$$

（4）当尺度级数为 $n_{pc} < n < n_{\max}$ 时

相应的结合面在该阶段的法向接触刚度为：

$$K_{n4} = \sum_{n=n_{pc}+1}^{n_{\max}} \left[\int_0^{a_{nec}} k_{ne} n_n(a_n) \mathrm{d}a_n + \int_{a_{nec}}^{a_{nepc}} k_{nep1} n_n(a_n) \mathrm{d}a_n + \int_{a_{nepc}}^{a_{npc}} k_{nep2} n_n(a_n) \mathrm{d}a_n \right] \tag{4-61}$$

其中，

$$
\begin{aligned}
\int_{a_{nepc}}^{a_{npc}} k_{nep2} n_n(a) \mathrm{d}a =& \frac{0.317\,3 \times 0.94^{0.872\,6(c_4+1)} G^{1-D} DN(KH)^3 a_{nl}^{0.5D}}{7.119\,7^{c_4-0.254\,4} a_{nec}^{0.5D} E'^2 \gamma^{2nD} \pi [0.872\,6(c_4+1)-0.5D]} \times \\
& \left[205.382\,7^{0.872\,6(c_4+1)-0.5D} - 7.119\,7^{0.872\,6(c_4+1)-0.5D} \right]
\end{aligned}
\tag{4-62}
$$

4.4.2 结合面总接触刚度多尺度分形模型

根据以上建立的各尺度级数范围内结合面接触刚度多尺度分形理论模型可得结合面总接触刚度为：

$$K_r = K_{n1} + K_{n2} + K_{n3} + K_{n4} \tag{4-63}$$

对式(3-56)、式(3-57)、式(3-58)、式(3-61)进行量纲归一化处理得：

$$K_{n1}^* = 2\pi^{-0.5} \frac{DN}{5+D} \sum_{n=n_{min}}^{n_{ec}} A_r^{*\frac{2D+5}{2}} \gamma^{2n(D+2)} \tag{4-64}$$

$$K_{n2}^* = \frac{2ND\pi^{0.5}}{1-D} \sum_{n=n_{ec}+1}^{n_{epc}} a_{nec}^{*\,(1-D)/2} A_r^{*\,0.5D} + \frac{0.93^{-0.880\,3c_2}\pi(c_2+1)NDKH}{1.760\,6c_2 E'} \times$$

$$\sum_{n=n_{ec}+1}^{n_{epc}} R_n^* a_{nec}^{*\,-0.880\,3c_2} \left[A_r^{*\,0.880\,3c_2} - A_r^{*\,0.5D} a_{nec}^{*\,(0.880\,3c_2-0.5D)} \right] \tag{4-65}$$

$$K_{n3}^* = \frac{2ND\pi^{0.5}}{1-D} \sum_{n=n_{epc}+1}^{n_{pc}} a_{nec}^{*\,(1-D)/2} A_r^{*\,0.5D} +$$

$$\frac{0.93^{-0.880\,3c_2}(c_2+1)NDKH\pi}{(1.760\,6c_2-D)E'}(7.119\,7^{(1.760\,6c_2-D)/2}-1) \sum_{n=n_{epc}+1}^{n_{pc}} R_n^* \left(\frac{A_r^*}{a_{nec}^*} \right)^{0.5D} +$$

$$\frac{0.317\,3 \times 7.119\,7^{0.254\,4-c_4}\pi ND\,(KH)^3}{0.94^{0.872\,6(c_4+1)}[0.872\,6(c_4+1)-0.5D]E'^3} \times$$

$$\sum_{n=n_{epc}+1}^{n_{pc}} R_n^* \gamma^{-nD} \left[\left(\frac{A_r^*}{a_{nec}^*} \right)^{0.872\,6(c_4+1)} - 7.119\,7^{0.872\,6(c_4+1)-0.5D} \left(\frac{A_r^*}{a_{nec}^*} \right)^{0.5D} \right] \tag{4-66}$$

$$K_{n4}^* = \frac{2D\pi^{1/2}N}{1-D} \sum_{n=n_{pc}+1}^{n_{max}} a_{nec}^{*\,(1-D)/2} A_r^{*\,D/2} +$$

$$\frac{0.93^{-0.880\,3c_2}(c_2+1)DKHN\pi}{(1.760\,6c_2-D)E'}[7.119\,7^{(1.760\,6c_2-D)/2}-1] \sum_{n=n_{pc}+1}^{n_{max}} R_n^* \left(\frac{A_r^*}{a_{nec}^*} \right)^{0.5D} +$$

$$\frac{0.317\,3 \times 7.119\,7^{0.254\,4-c_4}\pi DN\,(KH)^3}{0.94^{0.872\,6(c_4+1)}[0.872\,6(c_4+1)-0.5D]E'^3} \times$$

$$[205.382\,7^{0.872\,6(c_4+1)-0.5D} - 7.119\,7^{0.872\,6(c_4+1)-0.5D}] \sum_{n=n_{pc}+1}^{n_{max}} R_n^* \gamma^{-nD} \left(\frac{A_r^*}{a_{nec}^*} \right)^{0.5D} +$$

$$\frac{2HN\pi}{\,} \sum_{n=n_{pc}+1}^{n_{max}} R_n^* \left[\left(\frac{A_r^*}{205.382\,7a_{nec}^*} \right)^{0.5D} - 1 \right] \tag{4-67}$$

其中, $G^* = \frac{G}{\sqrt{A_a}}$, $A_r^* = \frac{A_r}{A_a}$, $R_n^* = \frac{R_n}{\sqrt{A_a}}$, $a_{nec}^* = \frac{a_{nec}}{A_a}$, 均为量纲为一的参数。同时可得出尺度级数为 $n_{ec} < n \leqslant n_{epc1}$ 时量纲为一的结合面法向接触载荷为：

$$F_{r2}^* = \frac{9D\,(KH)^3\gamma^{2Dn_{min}}N}{16(3-D)\,(\pi G^{*\,D-1})^2 E'} \sum_{n=n_{ec}+1}^{n_{epc}} \gamma^{-2nD} +$$

$$\frac{KHDN}{(2c_2-D+2)E'} \sum_{n=n_{ec}+1}^{n_{epc}} \left[\frac{A_r^{*\,c_2+1}}{a_{nec}^{*\,c_2}} - a_{nec}^{*\,(2-D)/2} \cdot A_r^{*\,D/2} \right] \tag{4-68}$$

尺度级数为 $n_{epc1} < n \leqslant n_{pc}$ 时量纲为一结合面法向接触载荷：

$$F_{r3}^* = N \sum_{n=n_{epc}+1}^{n_{pc}} \gamma^{-2nD} \left[\frac{9D(KH)^3 \gamma^{2Dn_{min}}}{16(3-D)(\pi G^{*D-1})^2 E'} + \frac{9D(KH)^3 \gamma^{2Dn_{min}}(7.1197^{c_2+1} - 7.1197^{D/2})}{16\pi(2c_2-D+2)G^{*2(D-1)}E'^3} \right] +$$

$$\frac{0.7521 \times 7.1197^{0.2544-c_4} KHND}{(2c_4-D+2)E'} \sum_{n=n_{epc}+1}^{n_{pc}} \left[a_{nec}^{*-c_4} \cdot A_r^{*c_4+1} - 7.1197^{c_4-\frac{D}{2}+1} \cdot a_{nec}^{*(2-D)/2} \cdot A_r^{*D/2} \right]$$

$$(4-69)$$

4.5　考虑硬度变化的结合面加载过程多尺度接触分形模型分析

为了更进一步分析以上建立的结合面加载过程多尺度接触分形理论模型,等效结合面的参数取表 4-1 所示数值进行仿真分析[6-7]。

表 4-1　等效结合面参数

参数	值	参数	值
等效弹性模量 E'	7.2×10^{10} N/m²	长度尺度参数 G	2.5×10^{-9} m
泊松比 υ	0.3	分形维数 D	$1 < D < 2$
结合面初始硬度 H	5.5×10^9 N/m²		

图 4-1 所示为当 $D=1.5$ 时,单个微凸体各临界接触面积和尺度级数之间的关系。从图 4-1 中可见,对于一确定的微凸体,当尺度级数 n 一定时,弹性临界接触面积最小,接下来是第一弹塑性临界接触面积,而第二弹塑性临界接触面积则最大。随着接触载荷逐渐增大,接触面积增大,单个微凸体先发生弹性变形,接着依次发生第一弹塑性变形、第二弹塑性变形、塑性变形,这与经典接触力学理论一致。对于不同的微凸体,随着尺度级数的增大,各临界接触面积相应减小,这也说明弹性临界接触面积、第一弹塑性临界接触面积、第二弹塑性临界接触面积三者均与尺度级数 n 相关。

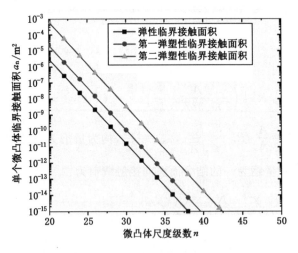

图 4-1　单个微凸体临界接触面积和尺度级数之间的关系

图 4-2 所示为分形维数 D 和微凸体临界尺度级数 n 之间的关系曲线。当分形维数一定时,弹性临界尺度级数 n_{ec}、第一弹塑性临界尺度级数 n_{epc}、第二弹塑性临界尺度级数 n_{pc} 依次增大。从图 4-2 可见,当 $D<1.06$ 时,n_{ec}、n_{epc}、n_{pc} 均为负值,对于尺度级数最小值为 0 的微凸体而言弹性变形、弹塑性变形、完全塑性变形均会发生。当 $D=1.13$ 时,n_{ec} 和 n_{epc} 为负值,n_{pc} 为正值,此时对于最小尺度级数为 0 的微凸体而言将会发生弹性变形和弹塑性变形而不会发生完全塑性变形。

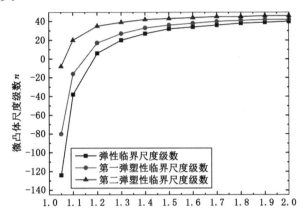

图 4-2　分形维数 D 和微凸体临界尺度级数 n 之间的关系

对于 $D=1.5,G=2.5\times10^{-9}$ m,$H=5.5\times10^{9}$ N/m²,我们可以计算出弹性临界尺度级数 $n_{ec}=32$,第一弹塑性临界尺度级数 $n_{epc}=36$,第二弹塑性临界尺度级数 $n_{pc}=43$。此时尺度级数处于 20 到 32 之间的微凸体仅仅发生弹性变形,尺度级数处于 33 到 36 之间的微凸体可以发生弹性变形和第一弹塑性变形,尺度级数处于 37 到 43 之间的微凸体可以发生弹性变形、第一弹塑性变形和第二弹塑性变形,尺度级数处于 44 到 50 之间的微凸体可以发生以上所有变形。

图 4-3 所示为加载过程第一弹塑性阶段考虑硬度变化和不考虑硬度变化时尺度级数为 n 的微凸体接触载荷和接触面积之间的关系对比图。此对比图为 $n=33$ 时的仿真结果,由图 4-3 中可见,随着接触面积逐渐增大,当单个微凸体接触面积大于 7.0×10^{-13} m² 时,对于同一微凸体考虑硬度变化时的接触载荷要小于不考虑硬度变化时的接触载荷,且随着变形量增大,两者之间的差值呈增大的趋势。

图 4-4 所示为加载过程第二弹塑性阶段考虑硬度变化和不考虑硬度变化时尺度级数为 n 的微凸体接触载荷和接触面积之间的关系对比图。此对比图为 $n=37$ 时的仿真结果,由图 4-3 中可见,变形量一定时对于同一微凸体考虑硬度变化时的接触载荷要小于不考虑硬度变化时的接触载荷,且随着变形量增大,两者之间的差值呈增大的趋势。这与第一弹塑性阶段的变化趋势一致。

图 4-5 所示为加载过程第一弹塑性变形阶段尺度级数为 n 的微凸体极限平均压强和接触面积(对数)之间的关系。图 4-5(a)所示为 $n=34$ 时分别取 $D=1.1,1.3,1.5,1.7$ 的关系曲线,图 4-5(b)所示为 $D=1.5$ 时分别取 $n=32,33,34,35$ 的关系曲线。由图 4-5 中可以看出,在第一弹塑性变形阶段单个微凸体极限平均压强与接触面积、分形维数、尺度级数有关,极限平均压强随接触面积的增大而增大。当 n 一定时,微凸体极限平均压强与接触面积之间的关系与

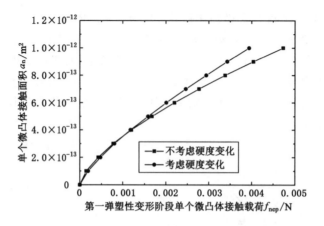

图 4-3　第一弹塑性变形阶段多尺度微凸体接触载荷-接触面积

分形维数 D 有关,D 越大两者之间的关系曲线变化越明显;当 D 一定时,微凸体极限平均压强与接触面积之间的关系与尺度级数 n 有关,n 越小两者之间的关系曲线变化越明显。

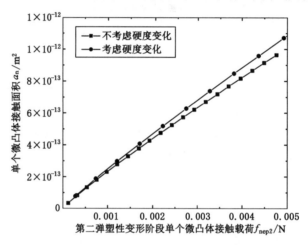

图 4-4　第二弹塑性变形阶段多尺度微凸体接触载荷-接触面积

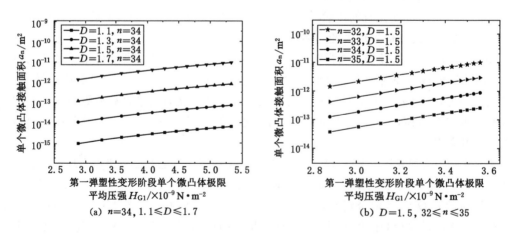

图 4-5　第一弹塑性变形阶段单个微凸体极限平均压强和接触面积之间关系

图 4-6 所示为加载过程第二弹塑性变形阶段尺度级数为 n 的微凸体极限平均压强和接触面积(对数)之间的关系。图 4-6(a) 所示为 $n=40$ 时分别取 $D=1.1,1.3,1.5,1.7$ 的关系曲线,图 4-6(b) 所示为 $D=1.5$ 时分别取 $n=36,38,40,42$ 的关系曲线。

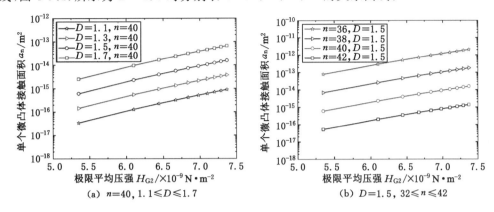

(a) $n=40,\ 1.1 \leqslant D \leqslant 1.7$ (b) $D=1.5,\ 32 \leqslant n \leqslant 42$

图 4-6   第二弹塑性变形阶段单个微凸体极限平均压强和接触面积之间关系

在加载过程中,单个微凸体随着下压量增大,其接触面积增大。定义下压量与微凸体自身自然高度的比值为下压系数,即下压系数为:$k=\omega_n/h_n$,$0 \leqslant k \leqslant 0.9$。分形维数取 1.5 时,我们来研究加载过程中,尺度级数 n 分别为 30、35、40 的单个微凸体接触载荷与接触面积之间的关系。当 $n=30$ 时,微凸体只发生弹性变形,加载过程中,下压系数 k 即使取最大值也不会发生塑性变形,其接触面积与接触载荷之间近似为 $f \propto a^{1.5}$ 的关系,如图 4-7(a) 所示。

如图 4-7(b) 所示,当 $n=35$ 时,微凸体在加载过程可以发生弹性变形和第一弹塑性变形,当下压系数 k 小于 0.247 时,微凸体发生弹性变形,此时接触面积与接触载荷之间关系近似为 $f \propto a^{1.5}$;当下压系数大于 0.247 时该微凸体开始发生第一弹塑性变形,此时接触面积与接触载荷之间关系近似为 $f \propto a^{1.1093}$。如图 4-7(c) 所示,当 $n=40$ 时,微凸体在加载过程中可以发生弹性变形、第一弹塑性变形、第二弹塑性变形。当下压系数 k 大于 0.1954 时,微凸体开始进入第二弹塑性变形,此时接触面积与接触载荷之间关系近似为 $f \propto a^{1.0977}$。当 $n=45$,下压系数 k 大于 0.472 时,微凸体开始进入完全塑性变形,此时接触面积与接触载荷之间关系近似为 $f \propto a$。

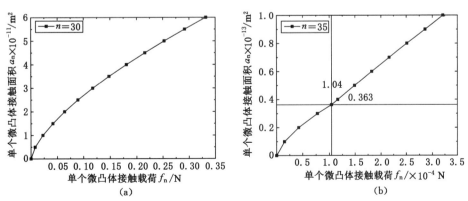

(a)   (b)

图 4-7   单个微凸体加载过程中接触载荷与接触面积之间关系

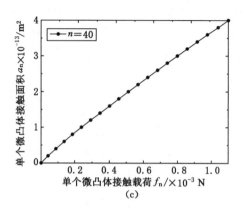

图 4-7 （续）

图 4-8(a)所示为尺度级数 n 最小值为 20，最大值为 32 时，随着结合面总的接触载荷增大，结合面实际接触面积增大，且二者之间关系接近于 $F_r^* \propto A_r^{*1.5}$，在整个变形过程，结合面整体呈弹性变形。图 4-8(b)所示为微凸体尺度级数最小值为 20，最大值为 36 时，结合面总接触载荷与实际接触面积无量纲量之间的关系。当下压系数 k 为 0.164 8 时，有微凸体开始发生第一弹塑性变形，但此时总接触载荷与实际接触面积无量纲量之间近似为 $F_r^* \propto A_r^{*1.5}$，整个结合面表现为弹性变形状态。随着载荷继续增大，当下压系数 k 为 0.556 4 时，即图 4-8(b)中所示，当 $F_r^* > 6.902\ 3 \times 10^{-3}$ 时，上述载荷与面积之间的关系近似为 $F_r^* \propto A_r^{*1.109\ 3}$，结合面出现弹塑性特性，此时尺度级数为 33～36 之间的微凸体发生了第一弹塑性变形。图 4-8(c)所示为微凸体尺度级数最小值为 44，最大值为 50 时，结合面总接触载荷与实际接触面积无量纲量之间的关系。当下压系数 k 为 0.0621 时，开始出现第二弹塑性变形，即当 $0.023 > F_r^* > 0.001\ 6$ 时结合面近似出现第二弹塑性变形，载荷与面积之间的关系近似为 $F_r^* \propto A_r^{*1.0977}$。当下压系数 k 为 0.707 6 时，开始出现完全塑性变形，即当 $F_r^* > 0.023$ 时结合面近似出现完全塑性变形，载荷与面积之间的关系近似为 $F_r^* \propto A_r^*$。

图 4-9 所示为考虑材料硬度变化情况下，当尺度级数 n 取 34，分形维数 D 取 1.5 时单个微凸体第一弹塑性变形阶段接触面积-法向接触刚度关系曲线。从图 4-9 可见，当单个微凸体尺度级数和分形维数一定时，其变形量增大时法向接触刚度增大。图 4-10 所示为考虑

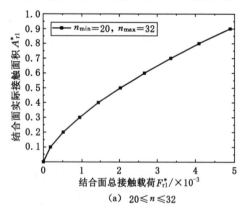

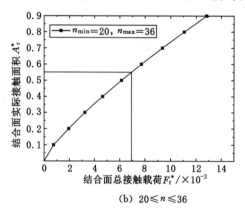

（a）$20 \leqslant n \leqslant 32$ （b）$20 \leqslant n \leqslant 36$

图 4-8 尺度级数处于不同阶段时，结合面总的接触载荷与总的实际接触面积之间的关系

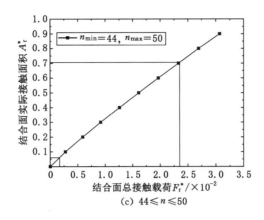

图 4-8 尺度级数处于不同阶段时,结合面总的接触载荷与总的实际接触面积之间的关系

材料硬度变化情况下,当尺度级数 n 取 38,分形维数 D 取 1.5 时单个微凸体第二弹塑性变形阶段的接触面积-接触刚度关系曲线。由图 4-10 可见,在此变形阶段单个微凸体实际接触面积增大时法向接触刚度随之增大,前期增长速率较快而后期速率变缓,且有一个明显的拐点出现,在此数据情况下拐点出现在微凸体接触面积为 $1×10^{-7}$ m^2 时,此时对应接触刚度值为 $6.628×10^{-2}$ N/m 附近。

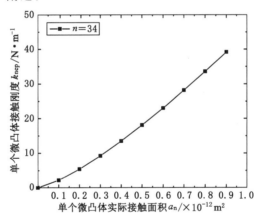

图 4-9 第一弹塑性变形阶段单个微凸体实际接触面积和接触刚度关系

图 4-11(a)、图 4-11(b)、图 4-11(c)三图所示为,当尺度级数介于$(n_{ec}, n_{epc1}]$,分形维数 D 分别取 1.1~1.9 时结合面总的无量纲法向接触载荷与对应的接触刚度之间的关系曲线。从图 4-11 可以看出此阶段结合面法向接触刚度随法向接触载荷增大而增大,无量纲法向接触载荷-无量纲法向接触刚度关系曲线受分形维数 D 的影响,当法向载荷一定时,结合面法向接触刚度随分形维数的增大而增大且影响明显。

图 4-12 所示为尺度级数介于$(n_{epc1}, n_{pc}]$,分形维数 D 分别取 1.1~1.9 时结合面总的无量纲法向接触载荷与对应的接触刚度之间的关系曲线。从图 4-12 中可以看出此阶段结合面法向接触刚度和法向接触载荷之间的关系与尺度级数为 $n_{ec} < n \leqslant n_{epc1}$ 阶段一致,但是法向接触刚度取值较前者大。

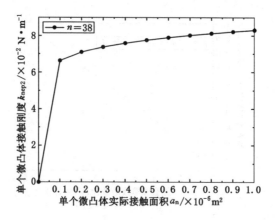

图 4-10 第二弹塑性变形阶段单个微凸体实际接触面积和接触刚度关系

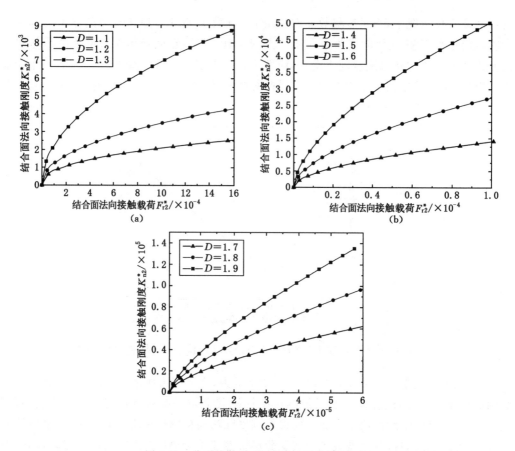

图 4-11 分形维数对 F_{r2}^*-K_{n2}^* 关系的影响

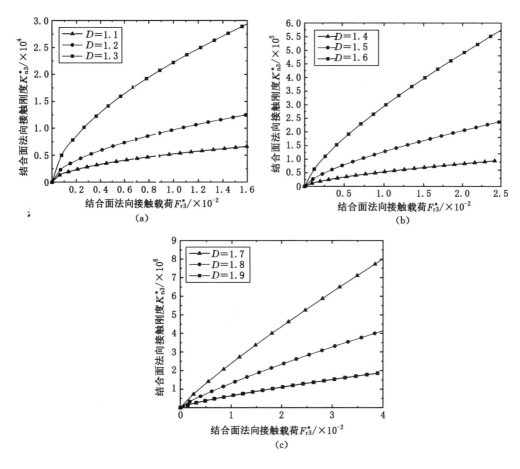

图 4-12　分形维数对 F_{r3}^*-K_{n3}^* 关系的影响

图 4-13、图 4-14 所示分别为尺度级数为 $n_{ec} < n \leqslant n_{epc1}$ 和 $n_{epc1} < n \leqslant n_{pc}$，$D$ 分别取 1.3、1.5、1.7、1.9 时结合面总的无量纲法向接触载荷与对应的法向接触刚度之间关系曲线随 G 的取值变化而变化的情况。对图 4-13 和图 4-14 进行对比可见，两不同尺度级数范围内 A_r^*-K_n^* 关系曲线变化趋势近似，当分形维数 D 一定时，G 分别取 2.5×10^{-9} m、2.5×10^{-10} m、

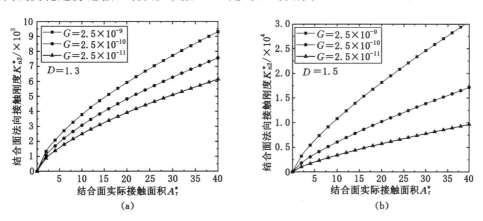

图 4-13　长度尺度参数和分形维数对 A_r^*-K_{n2}^* 关系曲线的影响

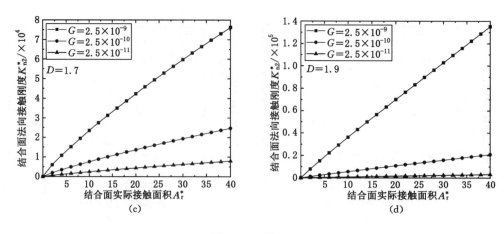

图 4-13 （续）

2.5×10^{-11} m,结合面实际接触面积一定时,对应的法向接触刚度会随着 G 值增大而增大,且随着分形维数 D 的增大,G 对 $A_r^* - K_n^*$ 关系曲线的影响更明显。图 4-15 所示为当 $D=1.1$ 时,本章建立的结合面加载过程法向接触刚度分形理论模型与文献[8]建立模型的 $F_r^* - K_n^*$ 关系曲线的对比图,从图 4-15 中可以看出两模型的关系曲线趋势一致且数值相近,间接验证了本章模型的可行性。

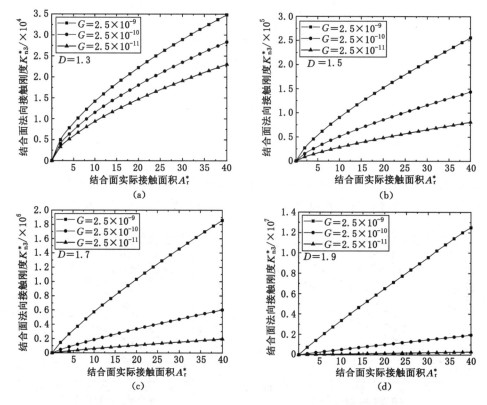

图 4-14　长度尺度参数和分形维数对 $A_r^* - K_{n3}^*$ 关系曲线的影响

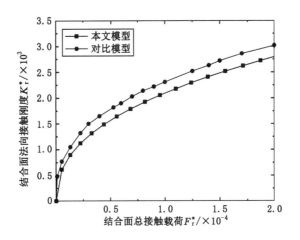

图 4-15 F_r^*-K_r^* 曲线对比

4.6 本章小结

本章对考虑接触表面硬度变化情况下多尺度微凸体第一、第二弹塑性变形阶段加载过程中的法向接触载荷、接触刚度以及它们之间的关系进行研究,进而建立一种考虑硬度变化的结合面加载过程多尺度分形理论模型并进行仿真分析,得出如下结论:

(1) 单个微凸体发生弹塑性变形阶段的法向接触载荷与材料的硬度有关,然而当材料屈服时,硬度不再是一个常数,而是一与变形量有关的函数。本章引入多尺度微凸体加载过程极限平均几何硬度函数,建立多尺度微凸体在第一、第二弹塑性变形阶段加载过程中的法向接触载荷、接触刚度理论模型。分别将考虑接触表面硬度变化和不考虑硬度变化的多尺度微凸体在第一和第二弹塑性变形阶段加载过程的接触载荷、接触刚度进行了比较和分析。

(2) 本章建立的多尺度微凸体加载过程弹塑性变形阶段的极限平均几何硬度函数与接触面积、分形维数和尺度级数有关,极限平均几何硬度随变形量的增加而增大。根据本章给出的多尺度微凸体加载接触特性理论模型,微凸体法向接触刚度与材料属性(等效弹性模量、泊松比、材料初始硬度)、分形参数(分形维数、尺度级数、粗糙表面频率密度参数、表面长度尺度参数)以及变形量有关,并对以上内容进行了仿真分析。

(3) 通过建立结合面加载过程微凸体面积分布密度函数,针对不同尺度级数范围进行研究,得到了考虑接触表面硬度变化的结合面加载过程总实际接触面积、总接触载荷、接触刚度多尺度分形理论模型并进行了仿真分析,得出分形维数、长度尺度参数对结合面加载过程接触特性的影响情况。

参 考 文 献

[1] L KOGUT,R L JACKSON. A comparison of contact modeling utilizing statistical and fractal approaches[J]. Journal of Tribology,2006,128(1):213-217.

[2] 田红亮,钟先友,赵春华,等.计及弹塑性及硬度随表面深度变化的结合部单次加载模型

[J]. 机械工程学报,2015,51(5):90-104.

[3] MAJUMDAR A,BHUSHAN B. Role of fractal geometry in roughness characterization and contact mechanics of surfaces[J]. Journal of Tribology,1990,112(2):205-216.

[4] MORAG Y,ETSION I. Resolving the contradiction of asperities plastic to elastic mode transition in current contact models of fractal rough surfaces[J]. Wear,2007,262(5/6):624-629.

[5] KADIN Y,KLIGERMAN Y,ETSION I. Unloading an elastic-plastic contact of rough surfaces[J]. Journal of the Mechanics and Physics of Solids,2006,54(12):2652-2674.

[6] WANG Y H,ZHANG X L,WEN S H,et al. Fractal loading model of the joint interface considering strain hardening of materials[J]. Advances in Materials Science and Engineering,2019,2019:2108162.

[7] 王颜辉,张学良,温淑花,等. 考虑硬度变化的结合面法向接触刚度分形模型[J]. 润滑与密封,2021,46(8):41-48.

5 考虑硬度变化的结合面卸载过程接触特性多尺度分形模型

5.1 引 言

根据第 4 章所述,结合面在弹塑性变形阶段加-卸载过程中,接触表面材料的硬度 H 随着结合面接触变形量的变化而变化,在前面研究基础上,预期构建一种接触表面卸载过程硬度变化函数,从而建立考虑硬度变化的结合面卸载过程接触特性多尺度分形理论模型并进行仿真分析,以期能够从多尺度特性出发更好地描述结合面卸载过程的接触行为[1]。

图 5-1 所示为单个微凸体与刚性平面接触时加载-卸载过程示意图,加载过程中,随着变形量的增大,微凸体处于不同的变形状态,当加载到一定程度时对微凸体进行完全卸载,对于不同变形状态的微凸体其卸载过程的特征不同,需分别进行研究。因为微凸体处于弹塑性变形状态时进行卸载,会有部分残余变形量而不能完全恢复到原始状态,所以本章主要研究对象为发生第一、第二弹塑性变形的微凸体[2-3]。

5.2 考虑硬度变化的多尺度微凸体卸载过程接触模型

根据第 3 章对多尺度微凸体的研究不难发现,式(3-47)、式(3-48)均与硬度 H 有关,而接触表面硬度与弹塑性接触变形量有关,在前面研究的基础上,现分别对卸载前处于第一、第二弹塑性变形阶段的多尺度微凸体极限平均几何硬度函数进行拟合:

$$H_{G1}^u(a_n) = c_1^u Y \left(\frac{a_n}{a_{nec}}\right)^{c_2^u} \qquad (a_{nec} \leqslant a_n \leqslant a_{nepc}) \tag{5-1}$$

$$H_{G2}^u(a_n) = c_3^u Y \left(\frac{a_n}{a_{nec}}\right)^{c_4^u} \qquad (a_{nepc} \leqslant a_n \leqslant a_{npc}) \tag{5-2}$$

其中,c_1^u、c_2^u、c_3^u、c_4^u 为卸载过程中多尺度微凸体的平均几何硬度系数。

根据边界条件,公式(5-1)满足如下条件:

$$H_{G1}^u(a_{nec}) = p_{ea}^u(a_{nec}) = \frac{f_{ne}^u}{a_n}(a_{nec}) \tag{5-3}$$

$$H_{G1}^u(a_{nepc}) = p_{epa1}^u(a_{nepc}) = \frac{f_{nep1}^u}{a_n}(a_{nepc}) \tag{5-4}$$

将式(5-2)代入 f_{ne}^u 可得:

$$f_{ne}^u = \frac{4E'\,(a_n^u)^{3/2}\pi^{1/2}G^{D-1}}{3\gamma^{-nD}\left[1+1.275\left(\dfrac{E'}{\sigma_s}\right)^{-0.216}\left(\dfrac{a_{nl}}{a_{nec}}-1\right)\right]} \tag{5-5}$$

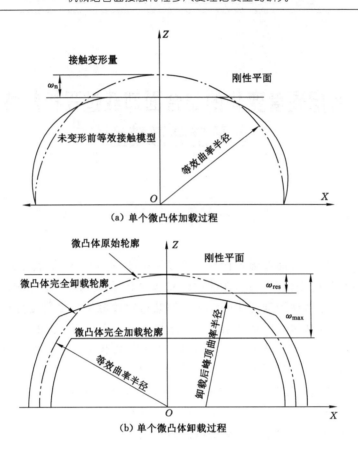

图 5-1　微凸体变形示意图

将式(5-1)、式(5-5)代入式(5-3)得：

$$c_1^u = \frac{2.8K}{1 + 1.275\left(\dfrac{E'}{\sigma_s}\right)^{-0.216}\left(\dfrac{a_{nl}}{a_{nec}} - 1\right)} \tag{5-6}$$

同理将式(5-1)、式(4-68)代入式(5-4)得：

$$c_2^u = \frac{\ln 0.096\,4 + 1.426\ln\dfrac{a_{nl}}{a_{nec}} + \ln\left[1 + 1.275\left(\dfrac{E'}{\sigma_s}\right)^{-0.216}\left(\dfrac{a_{nl}}{a_{nec}} - 1\right)\right]}{\ln 7.119\,7} +$$

$$1.5\left(\dfrac{a_{nl}}{a_{nec}}\right)^{0.086\,9}\left[\ln 7.119\,7 - \ln 0.93\left(\dfrac{a_{nl}}{a_{nec}}\right)^{1.136}\right]\Big/\ln 7.119\,7 \tag{5-7}$$

考虑硬度变化情况下，多尺度微凸体在第一弹塑性变形阶段卸载过程中的法向接触载荷为：

$$f_{nep1}^{u\,\prime} = H_{G1}^u(a_n^u) \cdot a_n^u \tag{5-8}$$

将式(5-1)、式(5-6)、式(5-7)代入式(5-8)得：

$$f_{nep1}^{u\,\prime} = \frac{2.8KY}{1 + 1.275\left(\dfrac{E'}{\sigma_s}\right)^{-0.216}\left(\dfrac{a_{nl}}{a_{nec}} - 1\right)}\left(\frac{4\pi^{1/2}G^{D-1}E'}{3KH\gamma^{-nD}}\right)^{2c_2^u}(a_n^u)^{c_2^u+1} \tag{5-9}$$

由式(5-9)和式(4-67)可得多尺度微凸体在第一弹塑性变形阶段卸载过程中的接触刚

度为：

$$k_{nep1}^{u\prime} = \frac{\mathrm{d}f_{nep1}^{u\prime}}{\mathrm{d}\omega_n^u}$$

$$= \frac{2.8KY(c_2^u+1)}{1+1.275\left(\frac{E'}{\sigma_s}\right)^{-0.216}\left(\frac{a_{nl}}{a_{nec}}-1\right)}\left(\frac{4\pi^{0.5}G^{D-1}E'}{3KH\gamma^{-nD}}\right)^{2c_2^u-0.24}a_{nl}^{\left(\frac{a_{nl}}{a_{nec}}\right)^{-0.12}-0.12}(a_n^u)^{(c_2^u+1)-\left(\frac{a_{nl}}{a_{nec}}\right)^{-0.12}}$$

（5-10）

对于第二弹塑性变形阶段，式(5-2)满足以下边界条件：

$$H_{G2}^u(a_{nepc}) = p_{epa1}(a_{nepc}) \tag{5-11}$$

$$H_{G2}^u(a_{npc}) = p_{epa2}(a_{npc}) \tag{5-12}$$

其中，$p_{epa1}(a_n)=\frac{f_{nep1}^u}{a_n}$，$p_{epa2}(a_n)=\frac{f_{nep2}^u}{a_n}$ 分别为多尺度微凸体第一弹塑性、第二弹塑性变形阶段的平均接触压强。

将式(4-68)、式(5-2)代入式(5-11)得：

$$\frac{2.06KH}{3}\left(\frac{a_{nl}}{a_{nec}}\right)^{1.425}\left[\frac{a_{nepc}}{0.93a_{nec}(a_{nl}/a_{nec})^{1.136}}\right]^{1.5\left(\frac{a_{nl}}{a_{nec}}\right)^{0.0869}} = 7.1197^{(c_4^u+1)}c_3^uY \tag{5-13}$$

将式(4-69)、式(5-2)代入式(5-12)得：

$$\frac{2.8KH}{3}\left(\frac{a_{nl}}{a_{nec}}\right)^{1.236}\left[\frac{a_{nepc}}{0.94a_{nec}(a_{nl}/a_{nec})^{1.146}}\right]^{1.5\left(\frac{a_{nl}}{a_{nec}}\right)^{0.0869}} = 205.3827^{(c_4^u+1)}c_3^uY \tag{5-14}$$

联立式(5-13)、式(5-14)得：

$$c_4^u = \frac{5.027\left(\frac{a_{nl}}{a_{nec}}\right)^{0.0869} - 0.189\ln\left(\frac{a_{nl}}{a_{nec}}\right) - 0.015\left(\frac{a_{nl}}{a_{nec}}\right)^{0.0869}\ln\left(\frac{a_{nl}}{a_{nec}}\right) - 3.0551}{3.362}$$

（5-15）

$$c_3^u = 1.9227K\left(\frac{a_{nl}}{a_{nec}}\right)^{1.425}\left[0.93\left(\frac{a_{nl}}{a_{nec}}\right)^{1.136}\right]^{-1.5\left(\frac{a_{nl}}{a_{nec}}\right)^{0.0869}}\times$$

$$7.1197^{0.0562\ln\frac{a_{nl}}{a_{nec}}+0.005\left(\frac{a_{nl}}{a_{nec}}\right)^{0.0869}-0.0913+0.0045\left(\frac{a_{nl}}{a_{nec}}\right)^{0.0869}\ln\frac{a_{nl}}{a_{nec}}} \tag{5-16}$$

得出考虑硬度变化情况下，多尺度微凸体在第二弹塑性变形阶段卸载过程中的法向接触载荷为：

$$f_{nep2}^{u\prime} = H_{G2}^u(a_n^u)a_n^u = \frac{c_3^uY}{\pi}\left(\frac{4G^{D-1}E'}{3KH\gamma^{-nD}}\right)^{2c_4^u}\left(\frac{\gamma^{-nD}}{G^{D-1}}\right)^{c_4^u+1}(a_n^u)^{(c_4^u+1)} \tag{5-17}$$

由式(5-17)和式(4-67)得出多尺度微凸体在第二弹塑性变形阶段卸载过程中的接触刚度为：

$$k_{nep2}^{u\prime} = \frac{\mathrm{d}f_{nep2}^{u\prime}}{\mathrm{d}\omega_n^u}$$

$$= c_3^u(c_4^u+1)Y\left(\frac{4\pi^{0.5}G^{D-1}E'}{3KH\gamma^{-nD}}\right)^{2c_4^u-0.24}(a_{nl})^{(a_{nl}/a_{nec})^{0.12}-0.12}(a_n^u)^{c_4^u+1-(a_{nl}/a_{nec})^{0.12}} \tag{5-18}$$

根据式(5-9)、式(5-10)、式(5-17)以及式(5-18)可见，多尺度微凸体在卸载过程中，弹塑性变形阶段的法向接触载荷、接触刚度与最大接触面积和弹性临界接触面积的比值有关，定义该比值(a_{nl}/a_{nec})为微凸体的变形比 W。

5.3 考虑硬度变化的结合面卸载过程多尺度接触分形模型

根据第 4 章内容,定义结合面微凸体分布密度函数为:

$$n^u(a_n^u) = C \cdot \frac{D}{2}(a_{nl})^{D/2}(a_n^u)^{-(D+2)/2} \tag{5-19}$$

其中,C 为卸载过程结合面上微凸体分布密度函数修正系数。

假设结合面在各个变形阶段分布密度函数修正系数分别为:C_e、C_{ep1}、C_{ep2},根据理论上加载结束时与卸载开始时结合面真实接触面积相等有如下关系式:

$$\int_0^{a_{ec}} n(a_n) \cdot a_n da_n = \int_0^{a_{nec}} C_e \cdot n_n^u(a_n^u) \cdot a_n^u da_n \tag{5-20}$$

$$\int_{a_{ec}}^{a_{epc}} n_n(a_n) \cdot a_n da_n = \int_{a_{ec}}^{a_{nepc}} C_{ep1} \cdot n_n^u(a_n^u) \cdot a_n^u da_n \tag{5-21}$$

$$\int_0^{a_{nl}} n_n(a_n) \cdot a_n da_n = \int_0^{a_{nl}} C_{ep2} \cdot n_n^u(a_n^u) \cdot a_n^u da_n \tag{5-22}$$

由此可得:

$$C_e = 1 \tag{5-23}$$

$$C_{ep1} = \frac{0.465(2-D)(1-7.119\,7^{1.136-0.5D})}{(1.136-0.5D)(1-7.119\,7^{1-0.5D})} \tag{5-24}$$

$$C_{ep2} = \frac{0.47(2-D)(7.119\,7^{1.146-0.5D}-205.382\,7^{1.146-0.5D})}{205.382\,7^{1-0.5D}(1.146-0.5D)} \tag{5-25}$$

5.3.1 第一尺度级数范围时结合面卸载过程接触分形模型

第一尺度级数范围,即当尺度级数处于 $n_{min} < n \leqslant n_{ec}$ 时,此时微凸体发生弹性变形,$a_{nl} < a_{nec}$,相应地考虑硬度变化情况下结合面卸载过程实际接触面积 $A_{r1}^u{}'$ 为:

$$A_{r1}^u{}' = \sum_{n=n_{min}}^{n_{ec}} \int_0^{a_{nl}} C_e N \cdot n^u(a_n^u) da_n^u = \frac{ND}{2-D} \sum_{n=n_{min}}^{n_{ec}} a_{nl} \tag{5-26}$$

此时结合面卸载过程实际接触载荷 $F_{r1}^u{}'$ 为:

$$F_{r1}^u{}' = \sum_{n=n_{min}}^{n_{ec}} \int_0^{a_{nl}} D_{ne}' C_e N \cdot n^u(a_n^u) f_{ne} da_n^u = \frac{0.4715NDE'G^{D-1}\pi^{0.5}}{3-D} \sum_{n=n_{min}}^{n_{ec}} \frac{a_{nl}^{1.5}}{\gamma^{-nD}} \tag{5-27}$$

相应的结合面卸载过程法向接触刚度 $K_{r1}^u{}'$ 为:

$$K_{r1}^u{}' = \sum_{n=n_{min}}^{n_{ec}} \int_0^{a_{nl}} k_{ne}' n_{ne}^u(a_n^u) da_n^u = \sum_{n=n_{min}}^{n_{ec}} \frac{2}{1-D} NE'\pi^{0.5} a_{nl}^{0.5} \tag{5-28}$$

5.3.2 第二尺度级数范围时结合面卸载过程接触分形模型

第二尺度级数范围,即当尺度级数处于 $n_{ec} < n \leqslant n_{epc}$ 时。此时,考虑硬度变化情况下结合面卸载过程实际接触面积 $A_{r2}^u{}'$ 为:

$$A_{r2}^u{}' = A_{re,2}^u{}' + A_{rep1,2}^u{}' \tag{5-29}$$

其中,结合面卸载过程实际弹性接触面积 $A_{re,2}^u{}'$ 为:

$$A_{re,2}^u{}' = \sum_{n=n_{ec}+1}^{n_{epc}} \int_0^{a_{nec}} NC_e n^u(a_n^u) a_n^u da_n^u = \frac{ND}{2-D} \sum_{n=n_{ec}+1}^{n_{epc}} \left(\frac{3KH\gamma^{-nD}}{4G^{D-1}E'}\right)^2 \tag{5-30}$$

结合面卸载过程对应发生第一弹塑性变形部分的实际接触面积 $A_{\text{rep1,2}}^u{}'$ 为：

$$A_{\text{rep1,2}}^u{}' = \sum_{n=n_{\text{ec}}+1}^{n_{\text{epc}}} \int_0^{a_{\text{nl}}} NC_{\text{ep1}} n^u(a_n^u) a_n^u \mathrm{d}a_n^u = \frac{0.465(1 - 7.119\,7^{1.136-0.5D}) ND \sum\limits_{n=n_{\text{ec}}+1}^{n_{\text{epc}}} a_{\text{nl}}}{(1.136 - 0.5D)(1 - 7.119\,7^{1-0.5D})}$$

(5-31)

相应地考虑硬度变化情况下结合面卸载过程实际接触载荷 $F_{\text{r2}}^u{}'$ 为：

$$F_{\text{r2}}^u{}' = F_{\text{re,2}}^u{}' + F_{\text{rep1,2}}^u{}'$$

(5-32)

其中，$F_{\text{re,2}}^u{}'$ 为相应的卸载过程结合面弹性接触载荷，$F_{\text{rep1,2}}^u{}'$ 为相应的第一弹塑性变形部分的接触载荷。

为了更精确地得到结合面卸载过程接触载荷模型，定义考虑硬度变化情况下结合面发生第一、第二弹塑性变形时载荷修正系数分别为 $D_{\text{ne}}^2{}'$ 和 $D_{\text{nep1}}^2{}'$。加载结束时结合面接触载荷与卸载开始时结合面接触载荷相等，可用下式表示：

$$\sum_{n=n_{\text{ec}}+1}^{n_{\text{epc}}} \int_0^{a_{\text{nec}}} f_{\text{ne}} N \cdot n(a_n) \mathrm{d}a_n = \sum_{n=n_{\text{ec}}+1}^{n_{\text{epc}}} \int_0^{a_{\text{nec}}} D_{\text{ne}}^2{}' f_{\text{ne}}^u n_{\text{ne}}^u(a_n^u) \mathrm{d}a_n^u$$

(5-33)

$$\sum_{n=n_{\text{ec}}+1}^{n_{\text{epc}}} \int_{a_{\text{nec}}}^{a_{\text{nl}}} f_{\text{nep1}}' N \cdot n(a_n) \mathrm{d}a_n = \sum_{n=n_{\text{ec}}+1}^{n_{\text{epc}}} \int_{a_{\text{nec}}}^{a_{\text{nl}}} D_{\text{nep1}}^2{}' f_{\text{nep1}}^u{}' n_{\text{nep1}}^u(a_n^u) \mathrm{d}a_n^u$$

(5-34)

由式(5-33)和式(5-34)可得：

$$D_{\text{ne}}^2{}' = 1 + 1.275 \left(\frac{E'}{\sigma_s}\right)^{-0.216} \left(\frac{a_{\text{nl}}}{a_{\text{nec}}} - 1\right)$$

(5-35)

$$D_{\text{nep1}}^2{}' = \frac{\pi^{c_2 - c_2^u} (KH)^{2(c_2^u - c_2)} G^{2(D-1)(c_2 - c_2^u)} (2c_2^u - D + 2)}{(2c_2 - D + 2) C_{\text{ep1}}} \left(\frac{3}{4E'}\right)^{(2c_2^u - c_2)} \times$$

$$\left[1 + 1.275 \left(\frac{E'}{\sigma_s}\right)^{-0.216} \left(\frac{a_{\text{nl}}}{a_{\text{nec}}} - 1\right)\right]$$

(5-36)

进而可得相应结合面卸载过程弹性接触载荷 $F_{\text{re,2}}^u{}'$ 为：

$$F_{\text{re,2}}^u{}' = \sum_{n=n_{\text{ec}}+1}^{n_{\text{epc}}} \int_0^{a_{\text{nec}}} D_{\text{ne}}^2{}' C_e N \cdot f_{\text{ne}}^u n^u(a_n^u) \mathrm{d}a_n^u = \sum_{n=n_{\text{ec}}+1}^{n_{\text{epc}}} \frac{4NE'\pi^{1/2} G^{D-1} D a_{\text{nec}}^{(3-D)/2} a_{\text{nl}}^{D/2}}{3(3-D)\gamma^{-nD}}$$

(5-37)

在该尺度级数范围内，卸载过程中结合面发生第一弹塑性变形的接触载荷 $F_{\text{rep1,2}}^u{}'$ 为：

$$F_{\text{rep1,2}}^u{}' = \sum_{n=n_{\text{ec}}+1}^{n_{\text{epc}}} \int_0^{a_{\text{nl}}} D_{\text{nep1}}^2{}' C_{\text{ep1}} N \cdot f_{\text{nep1}}^u{}' n^u(a_n^u) \mathrm{d}a_n^u$$

$$= \sum_{n=n_{\text{ec}}+1}^{n_{\text{epc}}} \frac{ND\pi^{c_2}}{2c_2 - D + 2} (KH)^{1-2c_2} G^{2c_2(D+1)} \gamma^{2c_2^u nD} a_{\text{nl}}^{(c_2^u+1)}$$

(5-38)

此阶段考虑硬度变化情况下结合面卸载过程法向接触刚度 $K_{\text{r2}}^u{}'$ 为：

$$K_{\text{r2}}^u{}' = K_{\text{re,2}}^u{}' + K_{\text{rep1,2}}^u{}'$$

(5-39)

其中，结合面发生弹性变形部分的法向接触刚度 $K_{\text{re,2}}^u{}'$ 为：

$$K_{\text{re,2}}^u{}' = \int_0^{a_{\text{nec}}} k_{\text{ne}}' n_{\text{ne}}^u(a_n^u) \mathrm{d}a_n^u = \frac{2NDE'^D \pi^{\frac{D-2}{2}}}{1-D} \left(\frac{3KH}{4G^{D-1}}\right)^{1-D} \sum_{n=n_{\text{ec}}+1}^{n_{\text{epc}}} \gamma^{nD(D-1)} a_{\text{nl}}^{D/2}$$

(5-40)

结合面发生第一弹塑性变形部分的法向接触刚度 $K_{\text{rep1,2}}^u{}'$ 为：

$$K_{\text{rep1},2}^u{}' = \sum_{n=n_{\text{ec}}+1}^{n_{\text{epc}}} \int_0^{a_{\text{nl}}} k_{\text{nep1}}^u{}' n_{\text{nep1}}^u (a_n^u) \, da_n^u$$

$$= \sum_{n=n_{\text{ec}}+1}^{n_{\text{epc}}} \frac{KHC_{\text{ep1}} ND \, (G^{D-1} \gamma^{nD})^{c_2^u-1}}{1+1.275 \left(\dfrac{E'}{\sigma_s}\right)^{-0.216} \left(\dfrac{a_{\text{nl}}}{a_{\text{nec}}}-1\right)} \cdot \frac{c_2^u+1}{2} \left(\frac{4E'}{3KH}\right)^{2c_2^u} \frac{\omega_{\text{nmax}}^{c_2^u+0.88} \, \omega_{\text{nec}}^{0.12}}{c_2^u+1-(a_{\text{nl}}/a_{\text{nec}})^{0.12}} - \frac{D}{2} \tag{5-41}$$

5.3.3 第三尺度级数范围时结合面卸载过程接触分形模型

第三尺度级数范围,即当尺度级数处于 $n_{\text{epc}} < n \leqslant n_{\text{pc}}$ 时。此时,考虑硬度变化情况下结合面卸载过程实际接触面积 $A_{\text{r3}}^u{}'$ 为:

$$A_{\text{r3}}^u{}' = A_{\text{re},3}^u{}' + A_{\text{rep1},3}^u{}' + A_{\text{rep2},3}^u{}' \tag{5-42}$$

其中,结合面卸载过程实际弹性接触面积 $A_{\text{re},3}^u{}'$ 为:

$$A_{\text{re},3}^u{}' = \sum_{n=n_{\text{epc}}+1}^{n_{\text{pc}}} \int_0^{a_{\text{nec}}} n_{\text{ne}}^u (a_n^u) a_n^u \, da_n^u = \frac{ND}{2-D} \sum_{n=n_{\text{epc}}+1}^{n_{\text{pc}}} \left(\frac{3KH\gamma^{-nD}}{4G^{D-1}E'}\right)^2 \tag{5-43}$$

相应的结合面卸载过程第一弹塑性变形部分的实际接触面积 $A_{\text{rep1},3}^u{}'$ 为:

$$A_{\text{rep1},3}^u{}' = \sum_{n=n_{\text{epc}}+1}^{n_{\text{pc}}} \int_0^{a_{\text{nepc}}} n_{\text{nep1}}^u (a_n^u) a_n^u \, da_n^u$$

$$= \frac{0.465(1-7.119\,7^{1.136-0.5D})ND\pi^{\frac{D-2}{2}}}{(1.136-0.5D)(1-7.119\,7^{1-0.5D})} \cdot \left(\frac{3KH}{4G^{D-1}E'}\right)^{2-D} \sum_{n=n_{\text{epc}}+1}^{n_{\text{pc}}} \gamma^{(D-2)nD} a_{\text{nl}}^{D/2} \tag{5-44}$$

结合面卸载过程第二弹塑性变形部分的实际接触面积 $A_{\text{rep2},3}^u{}'$ 为:

$$A_{\text{rep2},3}^u{}' = \sum_{n=n_{\text{epc}}+1}^{n_{\text{pc}}} \int_0^{a_{\text{nl}}} n_{\text{nep2}}^u (a_n^u) a_n^u \, da_n^u$$

$$= \frac{0.47(7.119\,7^{1.146-0.5D} - 205.382\,7^{1.146-0.5D})ND}{205.382\,7^{1-0.5D}(1.146-0.5D)} \sum_{n=n_{\text{epc}}+1}^{n_{\text{pc}}} a_{\text{nl}} \tag{5-45}$$

定义此种条件下,各变形阶段结合面载荷误差修正系数分别为:$D_{\text{ne}}^3{}'$、$D_{\text{nep1}}^3{}'$、$D_{\text{nep2}}^3{}'$,根据前面求解过程有以下关系式:

$$\sum_{n=n_{\text{epc}}+1}^{n_{\text{pc}}} \int_0^{a_{\text{nec}}} f_{\text{ne}} N n(a_n) \, da_n = \sum_{n=n_{\text{epc}}+1}^{n_{\text{pc}}} \int_0^{a_{\text{nec}}} D_{\text{ne}}^3{}' f_{\text{ne}}^u n_e^u (a_n^u) \, da_n^u \tag{5-46}$$

$$\sum_{n=n_{\text{epc}}+1}^{n_{\text{pc}}} \int_{a_{\text{nec}}}^{a_{\text{nepc}}} f_{\text{nep1}}{}' N n(a_n) \, da_n = \sum_{n=n_{\text{epc}}+1}^{n_{\text{pc}}} \int_0^{a_{\text{nepc}}} D_{\text{nep1}}^3{}' f_{\text{nep1}}^u{}' n_{\text{ep1}}^u (a_n^u) \, da_n^u \tag{5-47}$$

$$\sum_{n=n_{\text{epc}}+1}^{n_{\text{pc}}} \int_{a_{\text{nepc}}}^{a_{\text{nl}}} f_{\text{nep2}}{}' N n(a_n) \, da_n = \sum_{n=n_{\text{epc}}+1}^{n_{\text{pc}}} \int_0^{a_{\text{nl}}} D_{\text{nep2}}^3{}' f_{\text{nep2}}^u{}' n_{\text{ep2}}^u (a_n^u) \, da_n^u \tag{5-48}$$

根据式(5-46)、式(5-47)、式(5-48)分别可以得到:

$$D_{\text{ne}}^3{}' = 1+1.275 \left(\frac{E'}{\sigma_s}\right)^{-0.216} \left(\frac{a_{\text{nl}}}{a_{\text{nec}}}-1\right) \tag{5-49}$$

$$D_{\text{nep1}}^3{}' = \frac{(2c_2^u - D + 2)(7.119\,7^{c_2-0.5D+1}-1)(1.136-0.5D)(1-7.119\,7^{1-0.5D})}{0.465 \times 7.119\,7^{c_2^u-0.5D+1}(2c_2-D+2)(2-D)(1-7.119\,7^{1.136-0.5D})} \times$$

$$\left(\frac{4\pi^{0.5}G^{D-1}E'\gamma^{nD}a_{\text{nec}}^{0.5}}{3KH}\right)^{2(c_2-c_2^u)} \left[1+1.275 \left(\frac{E'}{\sigma_s}\right)^{-0.216} \left(\frac{a_{\text{nl}}}{a_{\text{nec}}}-1\right)\right] \tag{5-50}$$

$$D_{nep2}^{3}{}' = \frac{1.128\,2(2c_4^u - D + 2) \times 7.119\,7^{0.254\,4-c_4}\,a_{nl}^{0.5D+c_4^u+1}}{(2c_4 - D + 2)c_3^u C_{ep2}} \cdot \left(\frac{4E'\gamma^{nD}G^{D-1}\pi}{3}\right)^{2(c_4-c_4^u)} \times$$

$$(KH)^{2c_4^u - 2c_4 + 1}a_{nl}^{0.5D+c_4^u+1}\left[a_{nl}^{c_4^u-0.5D+1} - (7.119\,7a_{nec})^{c_4-0.5D+1}\right] \tag{5-51}$$

相应地考虑硬度变化情况下结合面卸载过程实际接触载荷 $F_{r3}^u{}'$ 为：

$$F_{r3}^u{}' = F_{re,3}^u{}' + F_{rep1,3}^u{}' + F_{rep2,3}^u{}' \tag{5-52}$$

结合面在该尺度级数范围内，卸载过程弹性接触载荷 $F_{re,3}^u{}'$ 为：

$$F_{re,3}^u{}' = \sum_{n=n_{epc}+1}^{n_{pc}} \int_0^{a_{nec}} D_{ne}^3{}' f_{ne}^u C_e N n^u(a_n^u)\mathrm{d}a_n^u$$

$$= \frac{4ND}{3(3-D)}\left(\frac{3KH}{4}\right)^{3-D}(\pi^{1/2}G^{D-1}E')^{D-2}\sum_{n=n_{epc}+1}^{n_{pc}}(a_{nl})^{D/2}\gamma^{(D-2)nD} \tag{5-53}$$

卸载过程中结合面第一弹塑性变形部分的接触载荷 $F_{rep1,3}^u{}'$ 为：

$$F_{rep1,3}^u{}' = \sum_{n=n_{epc}+1}^{n_{pc}} \int_0^{a_{nepc}} D_{nep1}^3{}' f_{nep1}^u{}' C_{ep1} N n^u(a_n^u)\mathrm{d}a_n^u$$

$$= \frac{(7.119\,7^{c_2-0.5D+1}-1)ND}{(2c_2-D+2)(KH)^{D-3}}\left(\frac{4\pi^{0.5}E'}{3G^{1-D}}\right)^{D-2}\sum_{n=n_{epc}+1}^{n_{pc}}(a_{nl})^{0.5D}\gamma^{(D-2)nD} \tag{5-54}$$

卸载过程中结合面发生第二弹塑性变形部分的实际接触载荷 $F_{rep2,3}^u{}'$ 为：

$$F_{rep2,3}^u{}' = \frac{0.564\,1 \times 7.119\,7^{0.254\,4-c_4}NDY}{c_4-0.5D+1}(KH)^{1-2c_4}\pi^{2c_4-c_4^u}\left(\frac{4E'G^{D-1}}{3}\right)^{2c_4} \times$$

$$\sum_{n=n_{epc}+1}^{n_{pc}}\gamma^{2nDc_4}a_{nl}^{D+2c_4^u+2}\left[a_{nl}^{c_4-0.5D+1} - (7.119\,7a_{nec})^{c_4-0.5D+1}\right](a_{nl})^{c_4^u+1} \tag{5-55}$$

相应地考虑硬度变化情况下结合面卸载过程法向接触刚度 $K_{r3}^u{}'$ 为：

$$K_{r3}^u{}' = K_{re,3}^u{}' + K_{rep1,3}^u{}' + K_{rep2,3}^u{}' \tag{5-56}$$

其中，结合面卸载过程发生弹性变形部分的接触刚度 $K_{re,3}^u{}'$ 为：

$$K_{re,3}^u{}' = \sum_{n=n_{epc}+1}^{n_{pc}} \int_0^{a_{nec}} k_{ne}^u{}' n_{ne}^u(a_n^u)\mathrm{d}a_n^u = \sum_{n=n_{epc}+1}^{n_{pc}} \frac{2NDE'}{\pi^{1/2}(1-D)}(a_{nl})^{D/2}a_{nec}^{\frac{1-D}{2}} \tag{5-57}$$

结合面卸载过程第一弹塑性变形部分的法向接触刚度 $K_{rep1,3}^u{}'$ 为：

$$K_{rep1,3}^u{}' = \sum_{n=n_{epc}+1}^{n_{pc}}\left\{\frac{0.232\,5KHND(2-D)(1-7.119\,7^{1.136-0.5D})(\gamma^{nD}G^{D-1})^{c_2^u-1}(c_2^u+1)}{(1.136-0.5D)(1-7.119\,7^{1-0.5D})\left[1+1.275\left(\dfrac{E'}{\sigma_s}\right)^{-0.216}\left(\dfrac{a_{nl}}{a_{nec}}-1\right)\right]}\times\right.$$

$$\left.\frac{(7.119\,7a_{nec})^{c_2^u-\left(\frac{a_{nl}}{a_{nec}}\right)^{0.12}-\frac{D}{2}+1}}{c_2^u-\left(\dfrac{a_{nl}}{a_{nec}}\right)^{0.12}-\dfrac{D}{2}+1}\left(\frac{4E'\pi^{0.5}}{3KH}\right)^{2c_2^u-0.24}(G^{D-1}\gamma^{nD})^{c_2^u+0.76}a_{nl}^{c_2^u+\frac{D}{2}+0.88}\right\} \tag{5-58}$$

结合面卸载过程发生第二弹塑性变形部分的法向接触刚度 $K_{rep2,3}^u{}'$ 为：

$$K_{rep2,3}^u{}' = \sum_{n=n_{epc}+1}^{n_{pc}}\left\{\frac{0.47c_3^u YND(c_4^u+1)(2-D)(7.119\,7^{1.146-D/2}-205.382\,7^{1.146-D/2})}{2^{c_4^u+2}\cdot205.382\,7^{1-0.5D}(1.146-0.5D)\left[c_4^u-\left(\dfrac{a_{nl}}{a_{nec}}\right)^{0.12}-0.5D+1\right]}\times\right.$$

$$\left.\left[\pi\left(\frac{4G^{D-1}E'}{3KH\gamma^{-nD}}\right)^2\right]^{c_4^u}a_{nl}^{c_4^u+0.88}\right\} \tag{5-59}$$

5.3.4 第四尺度级数范围时结合面卸载过程接触分形模型

第四尺度级数范围，即当尺度级数处于 $n_{pc} < n \leqslant n_{max}$ 时。此时，考虑硬度变化情况下结合面卸载过程实际接触面积 $A_{r4}^{u}{}'$ 为：

$$A_{r4}^{u}{}' = A_{re,4}^{u}{}' + A_{rep1,4}^{u}{}' + A_{rep2,4}^{u}{}' \tag{5-60}$$

其中，结合面卸载过程实际弹性接触面积 $A_{re,4}^{u}{}'$ 为：

$$A_{re,4}^{u}{}' = \frac{ND}{2-D} \sum_{n=n_{pc}+1}^{n_{max}} \left(\frac{3KH\gamma^{-nD}}{4G^{D-1}E'} \right)^{2} \tag{5-61}$$

结合面卸载过程第一弹塑性变形部分的实际接触面积 $A_{rep1,4}^{u}{}'$ 为：

$$A_{rep1,4}^{u}{}' = \frac{0.465(1-7.119\,7^{1.136-0.5D})ND}{(1.136-0.5D)(1-7.119\,7^{1-0.5D})} \left(\frac{3KH\pi^{0.5}}{4G^{D-1}E'} \right)^{2-D} \sum_{n=n_{pc}+1}^{n_{max}} \gamma^{(D-2)nD} a_{nl}^{0.5D} \tag{5-62}$$

结合面卸载过程第二弹塑性变形部分的实际接触面积 $A_{rep2,4}^{u}{}'$ 为：

$$A_{rep2,4}^{u}{}' = \frac{0.47ND(7.119\,7^{1.146-0.5D}-205.383\,7^{1.146-0.5D})}{1.146-0.5D} \times$$

$$\left(\frac{3KH}{4\pi^{0.5}G^{D-1}E'} \right)^{2-D} \sum_{n=n_{pc}+1}^{n_{max}} \gamma^{(D-2)nD} (a_{nl})^{0.5D} \tag{5-63}$$

定义此种条件下，各变形阶段结合面载荷误差修正系数分别为：$D_{ne}^{3}{}'$、$D_{nep1}^{3}{}'$、$D_{nep2}^{3}{}'$，根据前面求解过程有以下关系式：

$$\sum_{n=n_{pc}+1}^{n_{max}} \int_{a_{nepc}}^{a_{npc}} f_{nep2}{}' Nn(a_n) \mathrm{d}a_n = \sum_{n=n_{pc}+1}^{n_{max}} \int_{0}^{a_{npc}} D_{nep2}^{4}{}' f_{nep2}^{u}{}' n_{ep2}^{u}(a_n^u) \mathrm{d}a_n^u \tag{5-64}$$

由式(5-64)可得：

$$D_{nep2}^{4}{}' = \frac{1.128\,2 \times 7.119\,7^{0.254\,4-c_4}(205.382\,7^{c_4-0.5D+1}-7.119\,7^{c_4-0.5D+1})(KH)^{0.76+2(a_{nl}/a_{nec})^{0.12}}}{205.382\,7^{c_4+1-0.5D-(a_{nl}/a_{nec})^{0.12}}c_3^u YC_{ep2}(c_4^u+1)(c_4-0.5D+1)} \times$$

$$\left[c_4^u - 0.5D + 1 - (a_{nl}/a_{nec})^{0.12} \right] \times \left(\frac{3\pi^{0.5}\gamma^{-nD}}{4G^{D-1}E'} \right)^{2(a_{nl}/a_{nec})^{0.12}-0.24} a_{nl}^{-(a_{nl}/a_{nec})^{0.12}+0.12} \tag{5-65}$$

此时，考虑硬度变化情况下结合面卸载过程接触载荷 $F_{r4}^{u}{}'$ 为：

$$F_{r4}^{u}{}' = F_{re,4}^{u}{}' + F_{rep1,4}^{u}{}' + F_{rep2,4}^{u}{}' \tag{5-66}$$

其中，在该尺度级数范围内，卸载过程中结合面实际弹性接触载荷 $F_{re,4}^{u}{}'$ 为：

$$F_{re,4}^{u}{}' = \frac{4ND}{3(3-D)} \left(\frac{3KH}{4} \right)^{3-D} (\pi^{0.5}G^{D-1}E')^{D-2} \sum_{n=n_{pc}+1}^{n_{max}} \gamma^{(D-2)nD} a_{nl}^{0.5D} \tag{5-67}$$

卸载过程结合面第一弹塑性变形部分的接触载荷 $F_{rep1,4}^{u}{}'$ 为：

$$F_{rep1,4}^{u}{}' = \sum_{n=n_{pc}+1}^{n_{max}} \int_{0}^{a_{nepc}} D_{nep1}^{4}{}' C_{ep1} Nf_{nep1}^{u}{}' n^u(a_n^u) \mathrm{d}a_n^u$$

$$= \frac{(7.119\,7^{c_2-0.5D+1}-1)ND}{2c_2-D+2} \left(\frac{4\pi^{0.5}G^{D-1}E'}{3} \right)^{D-2} (KH)^{3-D} \sum_{n=n_{pc}+1}^{n_{max}} \gamma^{(D-2)nD} a_{nl}^{0.5D} \tag{5-68}$$

卸载过程结合面第二弹塑性变形部分的接触载荷 $F_{rep2,4}^{u}{}'$ 为：

$$F_{rep2,4}^{u}{}' = \sum_{n=n_{pc}+1}^{n_{max}} \int_{0}^{a_{nl}} D_{nep2}^{4}{}' C_{ep2} N f_{nep2}^{n}{}' n^{u}(a_{n}^{u}) da_{n}^{u}$$

$$= \sum_{n=n_{pc}+1}^{n_{max}} \left\{ \frac{0.564\ 1 \times 7.119\ 7^{0.254\ 4-c_4} (205.382\ 7^{c_4-0.5D+1} - 7.119\ 7^{c_4-0.5D+1}) ND}{205.382\ 7^{c_4^u+1-0.5D - \left(\frac{a_{nl}}{a_{nec}}\right)^{0.12}} (c_4^u+1)(c_4+1-0.5D)^2 a_{nl} \left(\frac{a_{nl}}{a_{nec}}\right)^{0.12-1.12-c_4^u}} \times \right.$$

$$\left. \left[c_4^u - 0.5D + 1 - \left(\frac{a_{nl}}{a_{nec}}\right)^{0.12} \right] \left(\frac{3\gamma^{-nD}\pi^{0.5}}{4G^{D-1}E'} \right)^{2\left(\frac{a_{nl}}{a_{nec}}^{0.12}-0.12-2c_4^u\right)} (KH)^{0.76+2\left(\frac{a_{nl}}{a_{nec}}\right)^{0.12}-2c_4^u} \right\} \tag{5-69}$$

相应地考虑硬度变化情况下,此时结合面卸载过程法向接触刚度 $K_{r4}^{u}{}'$ 为:

$$K_{r4}^{u}{}' = K_{re,4}^{u}{}' + K_{rep1,4}^{u}{}' + K_{rep2,4}^{u}{}' \tag{5-70}$$

其中,结合面卸载过程实际弹性接触刚度 $K_{re,4}^{u}{}'$ 为:

$$K_{re,4}^{u}{}' = \sum_{n=n_{pc}+1}^{n_{max}} \int_{0}^{a_{nec}} k_{ne}^{u}{}' n_{e}^{u}(a_{n}^{u}) da_{n}^{u} = \sum_{n=n_{pc}+1}^{n_{max}} \frac{2NDE'}{\pi^{1/2}(1-D)} (a_{nl})^{D/2} a_{nec}^{\frac{1-D}{2}} \tag{5-71}$$

结合面卸载过程第一弹塑性变形部分的法向接触刚度 $K_{rep1,4}^{u}{}'$ 为:

$$K_{rep1,4}^{u}{}' = \sum_{n=n_{pc}+1}^{n_{max}} \int_{0}^{a_{nepc}} k_{nep1}^{u}{}' n_{nep1}^{u}(a_{n}^{u}) da_{n}^{u}$$

$$= \sum_{n=n_{pc}+1}^{n_{max}} \left\{ \frac{0.2325 KHND(2-D)(1-7.119\ 7^{1.136-0.5D})(\gamma^{nD}G^{D-1})^{c_2^u-1}(c_2^u+1)}{(1.136-0.5D)(1-7.119\ 7^{1-0.5D}) \left[1 + 1.275 \left(\frac{E'}{\sigma_s}\right)^{-0.216} \left(\frac{a_{nl}}{a_{nec}}-1\right) \right]} \times \right.$$

$$\left. \frac{(7.119\ 7 a_{nec})^{c_2^u - \left(\frac{a_{nl}}{a_{nec}}\right)^{0.12} - \frac{D}{2}+1}}{\left[c_2^u - \left(\frac{a_{nl}}{a_{nec}}\right)^{0.12} - \frac{D}{2}+1 \right]} \left(\frac{4E'\pi^{0.5}}{3KH} \right)^{2c_2^u-0.24} (G^{D-1}\gamma^{nD})^{c_2^u+0.76} a_{nl}^{c_2^u+\frac{D}{2}+0.88} \right\} \tag{5-72}$$

结合面卸载过程第二弹塑性变形部分的法向接触刚度 $K_{rep2,4}^{u}{}'$ 为:

$$K_{rep2,4}^{u}{}' = \sum_{n=n_{pc}+1}^{n_{max}} \int_{0}^{a_{nl}^{u}} k_{nep2}^{u}{}' n_{nep2}^{u}(a_{n}^{u}) da_{n}^{u}$$

$$= \sum_{n=n_{pc}+1}^{n_{max}} \left\{ \frac{0.47 c_3^u YND(c_4^u+1)(2-D)(7.119\ 7^{1.146-0.5D} - 205.382\ 7^{1.146-0.5D})}{2^{c_4^u+2} \cdot 205.382\ 7^{1-0.5D}(1.146-0.5D) \left[c_4^u - (a_{nl}/a_{nec})^{0.12} - 0.5D+1 \right]} \times \right.$$

$$\left. \left[\pi \left(\frac{4G^{D-1}E'}{3KH\gamma^{-nD}} \right)^2 \right]^{c_4^u} (205.382\ 7 a_{nec})^{c_4^u+0.88} \right\} \tag{5-73}$$

所有尺度级数下结合面卸载过程实际接触面积总和为:

$$A_{r}^{u} = A_{r1}^{u} + A_{r2}^{u} + A_{r3}^{u} + A_{r4}^{u} \tag{5-74}$$

结合面卸载过程总接触载荷为:

$$F_{r}^{u} = F_{r1}^{u} + F_{r2}^{u} + F_{r3}^{u} + F_{r4}^{u} \tag{5-75}$$

结合面卸载过程总接触刚度为:

$$K_{r}^{u} = K_{r1}^{u} + K_{r2}^{u} + K_{r3}^{u} + K_{r4}^{u} \tag{5-76}$$

对结合面卸载过程总的实际接触面积、总的接触载荷、接触刚度进行无量纲处理:

$$A_{r}^{u*} = \frac{A_{r}^{u}}{A_{a}} \tag{5-77}$$

$$F_{r}^{u*} = \frac{F_{r}^{u}}{A_{a}E'} \tag{5-78}$$

$$K_r^{u*} = \frac{K_r^u}{\sqrt{A_a} E'}$$

(5-79)

其中，A_a 为结合面名义接触面积，$A_a = L^2$，$L = 1/\gamma^{n_{\min}}$。

5.4　考虑硬度变化的结合面卸载过程多尺度接触分形模型分析

为了更好地对比加-卸载过程结合面的特性，对前面所述考虑硬度变化情况下的结合面卸载过程的分形理论模型进行分析，所选参数同加载过程一致，取表 5-1 所示数值进行仿真分析[4-5]。

表 5-1　等效结合面参数

参数	值	参数	值
等效弹性模量 E'	7.2×10^{10} N/m²	长度尺度参数 G	2.5×10^{-9} m
泊松比 υ	0.3	分形维数 D	$1 < D < 2$
结合面初始硬度 H	5.5×10^9 N/m²		

图 5-2(a)所示为弹性变形阶段微凸体卸载过程平均几何硬度系数 c_1^u 与变形比 W 之间的关系曲线，可见微凸体最大平均几何硬度系数值约为 2.052，其最大接触面积越大平均几何硬度系数越小，随着微凸体最大接触面积增大，对平均几何硬度系数的影响越小。当微凸体最大接触面积达到弹性临界值时，平均几何硬度系数值约为 1.6。图 5-2(b)所示为微凸体卸载过程平均几何硬度系数 c_2^u 与变形比 W 之间的关系曲线，可见微凸体在第二弹塑性变形阶段最大平均几何硬度系数值约为 0.6，此时对应的变形比为 11.5。随着微凸体变形比增大，平均几何硬度系数呈先增大后减小的趋势，当微凸体最大接触面积达到第一弹塑性临界值时，平均几何硬度系数值约为 0.542，微凸体变形比继续增大，其平均几何硬度系数达到最大值 0.6，此后变形比继续增大，平均几何硬度系数值 c_2^u 呈现出近似线性递减状态。

图 5-2(c)所示为微凸体卸载过程平均几何硬度系数 c_3^u 与变形比 W 之间的关系曲线，可见此阶段微凸体最大平均几何硬度系数值约为 0.441，此时对应的变形比为 7.119 7。随着微凸体变形比增大，当微凸体最大接触面积达到第二弹塑性临界值时，平均几何硬度系数由初始值减小到近似于 0。图 5-2(d)所示为微凸体卸载过程平均几何硬度系数 c_4^u 与变形比 W 之间的关系曲线，图中可见 c_4^u 值是随着 W 的增大而增大的，当变形比为 205.382 7 时，对应的平均几何硬度系数为 1.125，当微凸体进入完全塑性变形后，平均几何硬度系数变化率逐渐变小，当变形比 W 趋近于无穷大时，平均几何硬度系数 c_4^u 趋近于 1.2。

图 5-3 所示为考虑硬度变化与不考虑硬度变化两种情况下，多尺度微凸体卸载过程处于第一弹塑性阶段，取 $n = 34$，$D = 1.9$ 时其法向接触载荷-接触面积关系对比图，f_{nep1}^u 和 $f_{nep1}^u{}'$ 分别为考虑和不考虑硬度变化情况下的接触载荷。由图 5-3 可见，两种情况下接触载荷-接触面积关系曲线变化趋势一致，接触面积一定时，考虑硬度变化情况下单个微凸体卸载过程发生第一弹塑性变形时接触载荷大于不考虑硬度变化时的接触载荷，差值随接触面积增大而增大。

图 5-4 所示为考虑硬度变化情况下，多尺度微凸体卸载过程处于第一弹塑性变形阶段，

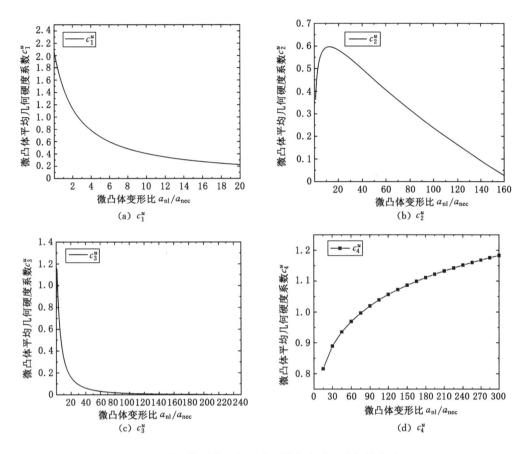

图 5-2　微凸体平均几何硬度系数与变形比之间的关系

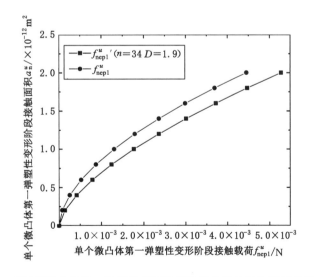

图 5-3　多尺度微凸体第一弹塑性变形阶段接触载荷与接触面积关系图对比

微凸体变形比 W 对其接触载荷-接触面积的影响情况,微凸体发生第一弹塑性变形阶段的变形比取值为 $W_{\min}=1, W_{\max}=7.1197$。图 5-4 所示三条曲线分别为 W 取 3、5、7 时得到的,由图可见,微凸体变形比 W 取值越小,微凸体卸载过程中发生第一弹塑性变形时接触载荷-接触面积曲线变化越明显。微凸体接触面积一定时,变形比 W 越小,该种状态下接触载荷越大。

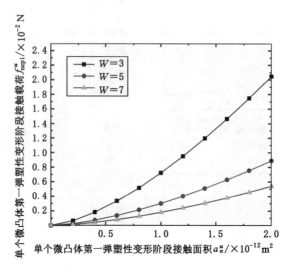

图 5-4 不同 W 取值时,单个微凸体第一弹塑性变形阶段接触载荷与接触面积关系图对比

图 5-5 所示为考虑硬度变化与不考虑硬度变化两种情况下,多尺度微凸体卸载过程处于第二弹塑性变形阶段,取 $n=40$,$D=1.9$ 时其接触载荷-接触面积关系对比,f_{nep2}^u 和 $f_{nep2}^u{}'$ 分别为考虑和不考虑硬度变化情况下的接触载荷,由图 5-5 可见,两种情况下接触载荷-接触面积关系曲线变化趋势一致,根据第二章有限元分析部分可验证考虑硬度变化情况下的单个微凸体卸载过程弹塑性变形阶段接触载荷的分形理论模型的可行性。微凸体接触面积一定时,此种情况下考虑硬度变化时接触载荷值小于不考虑硬度变化时,随着接触面积增大,f_{nep2}^u 和 $f_{nep2}^u{}'$ 的差值越来越大。

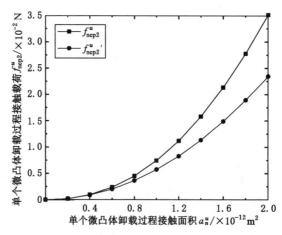

图 5-5 多尺度微凸体第二弹塑性变形阶段接触载荷与接触面积关系图对比

图 5-6 所示为考虑硬度变化影响时,单个微凸体卸载过程处于第二弹塑性变形阶段,微

凸体变形比 W 对其接触载荷-接触面积影响情况图,微凸体发生第二弹塑性变形阶段的变形比取值为 $W_{min}=7.119\ 7$,$W_{max}=205.382\ 7$。图 5-6 所示五条曲线分别为 W 取 50、75、100、125、150 时得到的,由图可见,微凸体变形比 W 取值越小,微凸体卸载过程中发生第二弹塑性变形时接触载荷-接触面积曲线变化越明显。微凸体接触面积一定时,变形比 W 越小,该种状态下接触载荷越大,反之变形比越大,变形越接近于完全塑性变形,卸载过程接触载荷就越小。

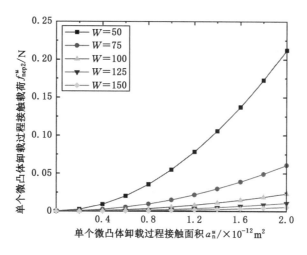

图 5-6　不同 W 取值时,单个微凸体第二弹塑性变形阶段接触载荷与接触面积关系图对比

图 5-7 所示为考虑硬度变化影响时,多尺度微凸体卸载过程处于第一弹塑性变形阶段,其变形比 W 对其接触刚度-接触面积影响情况,根据图 5-4 的仿真结果,在此处给 W 分别取值为 3、5、7,得到三条接触刚度-接触面积关系曲线。由曲线可见,W 越小对接触刚度-接触面积关系曲线影响越大,在卸载过程中,随着接触面积逐渐减小,接触刚度减小,且减小速度逐渐变快。

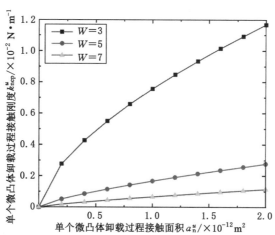

图 5-7　不同 W 取值时,单个微凸体第一弹塑性变形阶段接触刚度与接触面积关系图对比

图 5-8 所示为考虑硬度变化影响时,多尺度微凸体卸载过程处于第二弹塑性变形阶段,

其变形比 W 对其接触刚度-接触面积影响情况,根据图 5-6 的仿真结果,此处给 W 分别取值为 50、75、100、125、150,分别得到五条接触刚度-接触面积关系曲线。由曲线可见,卸载过程发生第二弹塑性变形阶段,单个微凸体的接触刚度-接触面积曲线有一个拐点($a_n^u = 3.32 \times 10^{-13}$ m²),当接触面积大于此值时,随着卸载过程接触面积的逐渐减小接触刚度减小,但减小的速度较小且与 W 值有关。接触面积一定时,W 值越大,接触载荷就越大,变化的速率也越大。

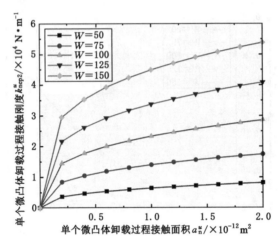

图 5-8　不同 W 取值时,单个微凸体第二弹塑性变形阶段接触刚度与接触面积关系图对比

图 5-9 所示为尺度级数处于 $20 \leqslant n < 32$ 时,结合面加-卸载过程无量纲总接触载荷与实际接触面积之间的关系图,因为尺度级数处于此阶段时,结合面只会发生弹性变形,此时若对加载完成的结合面进行卸载,原来的变形量会完全恢复到原始状态,即如图 5-9 所示的加载过程和卸载过程的接触载荷-接触面积曲线完全重合,因此也验证了前面所述考虑硬度变化的结合面加-卸载分形理论模型的正确性。

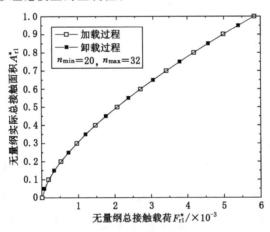

图 5-9　尺度级数处于 $20 \leqslant n < 32$ 时加-卸载过程结合面无量纲总接触载荷-实际接触面积

图 5-10 所示为尺度级数处于 $33 \leqslant n < 36$ 时,取 W 为 10 时结合面加-卸载过程无量纲总接触载荷与实际接触面积之间的关系图,因为尺度级数处于此阶段时,结合面会发生弹性变形和

第一弹塑性变形。此时若对加载完成的结合面进行卸载,原来的变形量会有部分不能恢复到原始状态。根据图 5-10 所示,在结合面整个加-卸载过程中,总接触载荷-接触面积之间的加载曲线与卸载曲线始终有差值,最大的差值出现在接触面积量纲为一的值是 0.3 时,此时对应的接触载荷的差值为 1.2×10^{-3}。对比可见尺度级数对加-卸载过程中加载曲线与卸载曲线之间的差值有一定的影响,尺度级数增大,卸载过程接触载荷与加载过程接触载荷差值越大。

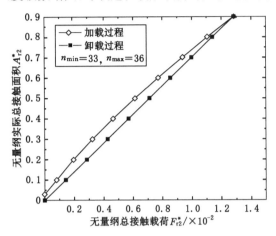

图 5-10 尺度级数处于 $33 \leqslant n < 36$ 时加-卸载过程结合面总接触载荷-实际接触面积

图 5-11 所示为当尺度级数 n 取值 37~43,取 W 为 150 时的结合面加-卸载过程无量纲总接触载荷与实际接触面积之间的关系曲线。尺度级数处于此阶段时,微凸体会发生弹性变形、第一弹塑性变形、第二弹塑性变形,加载结束点即为卸载开始点,由于部分微凸体不能完全恢复,导致卸载曲线与加载曲线之间始终有差值,最大差值发生在接触面积量纲为一值为 0.52 时,对比图 5-9、图 5-10、图 5-11 可见,随着尺度级数 n 的增大,微凸体不能恢复的部分越来越多,加-卸载曲线上的差值也越来越大。图 5-12 所示为 $G = 2.5 \times 10^{-9}$ m,不同分形维数时结合面加-卸载过程接触载荷与接触面积之间的关系,由于接触载荷受变形比的影响明显,在此取变形比为同一值研究不同分形维数时的结合面接触特性。

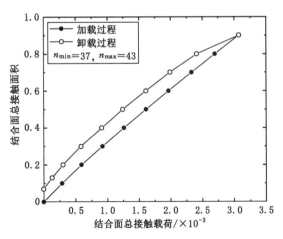

图 5-11 尺度级数处于 $37 \leqslant n < 43$ 时加-卸载过程结合面无量纲总接触载荷-实际接触面积

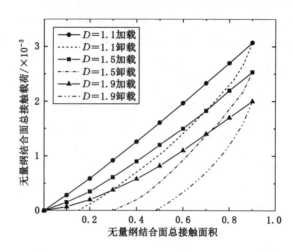

图 5-12　分形维数对加-卸载过程结合面总接触载荷与实际接触面积的影响

5.5　本章小结

本章对考虑接触表面硬度变化情况下多尺度微凸体第一、第二弹塑性变形阶段卸载过程中的法向接触载荷、接触刚度以及它们之间的关系进行研究,进而建立一种考虑硬度变化的结合面卸载过程多尺度分形理论模型并进行仿真分析,得出如下结论:

本章引入多尺度微凸体卸载过程极限平均几何硬度函数,建立多尺度微凸体在第一、第二弹塑性变形阶段卸载过程中的法向接触载荷、接触刚度理论模型。分别将考虑接触表面硬度变化和不考虑硬度变化的多尺度微凸体在第一和第二弹塑性变形阶段卸载过程的接触载荷、接触刚度进行了比较和分析。

本章建立的多尺度微凸体卸载过程弹塑性变形阶段的极限平均几何硬度函数与接触面积、分形维数和尺度级数有关,极限平均几何硬度随变形量的增加而增大。根据本章给出的多尺度微凸体卸载接触特性理论模型,微凸体法向接触刚度与材料属性(等效弹性模量、泊松比、材料初始硬度)、分形参数(分形维数、尺度级数、粗糙表面频率密度参数、表面长度尺度参数)以及变形量有关,并进行了仿真分析。

引入多尺度微凸体卸载过程平均几何硬度系数与变形比 W,分析微凸体各变形阶段两者之间的关系。根据加-卸载过程的边界条件得到结合面卸载过程微凸体面积分布密度函数以及考虑硬度变化的载荷修正系数,针对不同尺度级数范围分别进行研究,得到了考虑接触表面硬度变化的结合面卸载过程接触特性多尺度分形理论模型并进行了仿真分析。研究了考虑接触表面硬度变化时结合面卸载过程接触载荷、接触刚度与接触面积之间的关系,得出分形维数、长度尺度参数、变形比对结合面卸载过程接触特性的影响情况。

参 考 文 献

[1] WANG Y H,ZHANG X L,WEN S H,et al. Fractal loading model of the joint interface considering strain hardening of materials[J]. Advances in Materials Science and

Engineering,2019,2019:2108162.

[2] 王颜辉,张学良,温淑花,等.考虑摩擦因素的结合面加/卸载分形理论模型[J].太原理工大学学报,2021,52(4):654-661.

[3] 张伟,张学良,温淑花,等.考虑微凸体基体变形和相互作用的结合面法向接触刚度模型[J].西安交通大学学报,2020,54(6):115-121.

[4] 王颜辉,张学良,温淑花,等.考虑硬度变化的结合面法向接触刚度分形模型[J].润滑与密封,2021,46(08):41-48.

[5] 王颜辉.结合面加-卸载接触特性多尺度分形理论建模及验证[D].太原:太原科技大学,2021.

6 考虑摩擦因素影响的结合面加-卸载过程多尺度分形模型

 结合面间的接触行为对摩擦学和接触力学的研究有重要的作用,而在机械零件工作中,结合面不断受到接触力的作用,表面微凸体不断处于加载-卸载的状态,所以研究微凸体加-卸载过程的接触行为很有必要。微凸体弹塑性接触变形加-卸载过程的研究是接触力学、微电子学和机器人技术等研究领域中非常重要的问题[1-2]。实际工程中的接触表面都不是完全光滑的,存在摩擦、磨损的问题,摩擦因素对结合面接触特性的影响不可忽视,然而很多模型在研究的过程中假设了不考虑摩擦因素的影响[3-5]。为解决这个问题,本章基于前期研究成果,考虑摩擦因素的影响建立结合面加-卸载过程多尺度接触分形理论模型,本模型对今后研究结合面反复加-卸载过程中的行为有重要的参考价值,对结合面加-卸载过程中摩擦因素所起到的影响作用有重要的意义,对更加科学合理地描述结合面接触状态有一定帮助,以期为结合面的接触、摩擦等问题的研究提供理论依据。

6.1 考虑摩擦因素影响的结合面加载过程多尺度接触模型

6.1.1 多尺度微凸体加载过程接触模型

 加载过程中,随着变形量增大,单个微凸体依次发生弹性变形、第一弹塑性变形、第二弹塑性变形、完全塑性变形,接下来针对多尺度微凸体各变形阶段依次进行研究:

 (1)微凸体的弹性变形阶段

 根据赫兹理论,多尺度微凸体在接触过程中由弹性变形变为弹塑性变形所对应的临界变形量为:

$$\omega_{\mathrm{nec}} = \left(\frac{\pi KH}{2E'}\right)^2 R_{\mathrm{n}}$$

其中,$K = 0.454 + 0.41\upsilon$;H 为相互接触的材料中较软者的硬度;E' 为接触微凸体的等效弹性模量,$\dfrac{1}{E'} = \dfrac{1-\upsilon_1}{E_1} + \dfrac{1-\upsilon_2}{E_2}$,$E_1$、$E_2$ 分别为两接触微凸体的弹性模量,υ_1、υ_2 分别是对应的泊松比。

 当结合面间考虑相对滑动摩擦时,微凸体出现初始屈服的临界平均接触压力为[6]:

$$P_{\mathrm{c}} = 1.1 k_{\mu}\sigma_{\mathrm{s}} \tag{6-1}$$

其中,σ_{s} 是材料的屈服极限;μ 为摩擦系数,k_{μ} 是与摩擦系数有关的摩擦力修正因子。

$$k_{\mu} = \begin{cases} 1 - 0.228\mu & 0 < \mu \leqslant 0.3 \\ 0.932\exp[-1.58(\mu - 0.3)] & 0.3 < \mu \leqslant 0.9 \end{cases} \tag{6-2}$$

 将式(6-1)代入 ω_{nec} 可得出考虑摩擦因素影响时多尺度微凸体弹性临界变形量为:

$$\omega_{\mu\mathrm{nec}} = \left(\frac{33\pi k_{\mu}\sigma_{\mathrm{s}}}{40E'}\right)^2 R_{\mathrm{n}} \tag{6-3}$$

其中,$R_n = \dfrac{l^D}{\pi^2 G^{D-1}}$ 。

由此可得考虑摩擦因素影响情况下,尺度级数为 n 的微凸体弹性临界接触面积为:

$$a_{\mu nec} = \pi R_n \omega_{\mu nec} = \left(\frac{33 k_\mu \sigma_s \gamma^{-nD}}{40 \pi^{0.5} E' G^{D-1}} \right)^2 \tag{6-4}$$

由式(6-4)可以看出 $a_{\mu nec}$ 是与 k_μ(摩擦力修正因子)、σ_s(屈服极限)、E'(等效弹性模量)、G(轮廓长度尺度参数)、D(分形维数)、γ(粗糙表面频率参数)有关的函数,而以上参数均为材料的分形参数、材料的物理参数,所以当结合面摩擦状态确定时,多尺度微凸体弹性临界接触面积 $a_{\mu nec}$ 为定值。

以上建立的多尺度微凸体弹性临界变形量和临界接触面积均考虑了摩擦因素的影响,均与文献[7]不同。

可得在考虑摩擦因素影响的情况下多尺度微凸体弹性临界接触载荷为:

$$f_{\mu nec} = \frac{4}{3} E' R_n^{1/2} \omega_{\mu nec}^{3/2} = \left(\frac{22 k_\mu \sigma_s E'}{15 \pi^{1/2}} \right)^2 \cdot \left(\frac{\gamma^{-nD}}{G^{D-1}} \right)^{3/2} \tag{6-5}$$

于是可得,考虑摩擦因素影响的情况下,多尺度微凸体在弹性变形阶段的接触刚度模型为:

$$k_{\mu ne} = \frac{\mathrm{d} f_{\mu ne}}{\mathrm{d} \omega_{\mu n}} = 2 \pi^{-0.5} E' a_{\mu n}^{0.5} \tag{6-6}$$

(2) 微凸体的弹塑性变形

根据 Kogut 的研究,单个微凸体与刚性平面接触,当变形量满足 $\omega_{nec} \leqslant \omega_n \leqslant 110 \omega_{nec}$ 时,微凸体处于弹塑性变形状态,该弹塑性变形阶段根据下压量不同可分为第一和第二弹塑性变形阶段,其接触面积与载荷的拟合曲线分别如式(3-30)、式(3-31)所描述[8]。

将式(6-3)、式(6-4)分别代入式(3-30)、式(3-31)可得考虑摩擦因素影响情况下,尺度级数为 n 的微凸体发生第一、第二弹塑性变形时加载过程中的接触载荷分别为:

$$f_{\mu nep1} = \frac{2.256\,4}{3} K H a_{\mu nec}^{-0.254\,4} a_{\mu n}^{1.254\,4} \tag{6-7}$$

$$f_{\mu nep2} = \frac{2.997\,6}{3} K H a_{\mu nec}^{-0.102\,1} a_{\mu n}^{1.102\,1} \tag{6-8}$$

由此可得,考虑摩擦因素影响的情况下,多尺度微凸体处于弹塑性变形临界状态时的临界接触面积和临界接触载荷分别为:

$$a_{\mu nepc} = 7.119\,7 a_{\mu nec} \tag{6-9}$$

$$f_{\mu nepc} = \frac{9.908\,4}{\pi} (k_\mu \sigma_s)^3 \left(\frac{\gamma^{-nD}}{E' G^{D-1}} \right)^2 \tag{6-10}$$

考虑摩擦因素影响的情况下,多尺度微凸体处于塑性变形临界状态时的临界接触面积和临界接触载荷分别为:

$$a_{\mu npc} = 205.382\,7 a_{\mu nec} \tag{6-11}$$

$$f_{\mu npc} = \frac{396.924\,2}{\pi} (k_\mu \sigma_s)^3 \left(\frac{\gamma^{-nD}}{E' G^{D-1}} \right)^2 \tag{6-12}$$

可得,考虑摩擦因素影响的情况下,尺度级数为 n 的微凸体在第一弹塑性变形阶段加载过程中的接触刚度模型为:

$$k_{\mu nep1} = \frac{df_{\mu nep1}}{d\omega_{\mu n}} = 0.943\,4KH\pi^{3.254\,4}\left(\frac{\gamma^{-nD}}{G^{D-1}}\right)^{1.745\,6}\left(\frac{33k_{\mu}\sigma_s}{40E'}\right)^{-0.508\,8}a_{\mu n}^{0.254\,4} \quad (6\text{-}13)$$

考虑摩擦因素影响的情况下，尺度级数为 n 的微凸体在第二弹塑性变形阶段加载过程中的接触刚度模型为：

$$k_{\mu nep2} = \frac{df_{\mu nep2}}{d\omega_{\mu n}} = 1.101\,2KH\pi^{-2.091\,7}\left(\frac{\gamma^{-nD}}{G^{D-1}}\right)^{0.892\,7}\left(\frac{33k_{\mu}\sigma_s}{40E'}\right)^{-0.204\,2}a_{\mu n}^{1.102\,1} \quad (6\text{-}14)$$

（3）微凸体的完全塑性变形

当微凸体的变形量大于 $110\omega_{\mu nec}$ 时，将发生完全塑性变形，其接触面积和接触载荷分别为：

$$a_{\mu np} = 2\pi R_n\omega_{\mu n} \quad (6\text{-}15)$$

$$f_{\mu np} = Ha_{\mu np} \quad (6\text{-}16)$$

6.1.2　结合面加载过程接触特性多尺度分形理论模型

考虑摩擦因素影响的情况下，结合面加载过程中总的实际接触面积 $A_{\mu r}$ 为：

$$A_{\mu r} = A_{\mu r1} + A_{\mu r2} + A_{\mu r3} + A_{\mu r4} \quad (6\text{-}17)$$

其中，$A_{\mu r1}$ 为考虑摩擦因素情况下，尺度级数为 $n_{\min} < n \leqslant n_{ec}$ 时结合面总的实际接触面积；$A_{\mu r2}$ 为相应的尺度级数为 $n_{ec} < n \leqslant n_{epc}$ 时结合面实际接触面积；$A_{\mu r3}$ 为尺度级数为 $n_{epc} < n \leqslant n_{pc}$ 时结合面实际接触面积；$A_{\mu r4}$ 为尺度级数为 $n_{pc} < n \leqslant n_{\max}$ 时结合面实际接触面积。

（1）当尺度级数为 $n_{\min} < n \leqslant n_{ec}$ 时

根据式（4-36）可得，考虑摩擦因素影响时对应的结合面加载过程实际接触面积为：

$$A_{\mu r1} = \sum_{n=n_{\min}}^{n_{ec}}\int_0^{a_{\mu nl}} Nn(a_{\mu n})a_{\mu n}da_{\mu n} = \sum_{n=n_{\min}}^{n_{ec}}\frac{ND}{2-D}a_{\mu nl} \quad (6\text{-}18)$$

考虑摩擦因素影响时结合面加载过程法向接触载荷为：

$$F_{\mu r1} = \sum_{n=n_{\min}}^{n_{ec}}\int_0^{a_{\mu nl}} f_{\mu ne} Nn(a_{\mu n})da_{\mu n} = \frac{4NDE'G^{D-1}\pi^{0.5}}{3(3-D)}\sum_{n=n_{\min}}^{n_{ec}}\gamma^{nD}a_{\mu nl}^{1.5} \quad (6\text{-}19)$$

相应地考虑摩擦因素影响时结合面加载过程法向接触刚度为：

$$K_{\mu r1} = \sum_{n=n_{\min}}^{n_{ec}}\int_0^{a_{\mu nl}} k_{\mu ne} Nn(a_{\mu n})da_{\mu n} = \frac{2NDE'}{\pi^{0.5}(1-D)}\sum_{n=n_{\min}}^{n_{ec}}a_{\mu nl} \quad (6\text{-}20)$$

（2）当尺度级数为 $n_{ec} < n \leqslant n_{epc}$ 时

此时结合面总的实际接触面积包括发生弹性变形（$A_{\mu re}^2$）和第一弹塑性变形（$A_{\mu rep1}^2$）两部分：

$$A_{\mu r2} = A_{\mu re}^2 + A_{\mu rep1}^2 \quad (6\text{-}21)$$

有如下表达式：

$$A_{\mu re}^2 = \sum_{n=n_{ec}+1}^{n_{epc}}\int_0^{a_{\mu nec}} Nn(a_{\mu n})a_{\mu n}da_{\mu n} = \frac{ND}{2-D}\left(\frac{33k_{\mu}\sigma_s}{40\pi^{0.5}E'G^{D-1}}\right)^{2-D}\sum_{n=n_{ec}+1}^{n_{epc}}\gamma^{nD(D-2)}a_{\mu nl}^{D/2}$$

$$(6\text{-}22)$$

$$A_{\mu rep1}^2 = \sum_{n=n_{ec}+1}^{n_{epc}}\int_{a_{\mu nec}}^{a_{\mu nl}} Nn(a_{\mu n})a_{\mu n}da_{\mu n} = \frac{ND}{2-D}\sum_{n=n_{ec}+1}^{n_{epc}}a_{\mu nl}^{D/2}\left[a_{\mu nl}^{(2-D)/2}-a_{\mu nec}^{(2-D)/2}\right]$$

$$(6\text{-}23)$$

此时对应的结合面加载过程总接触载荷为：

$$F_{\mu r2} = F_{\mu re}^2 + F_{\mu rep1}^2 \tag{6-24}$$

其中，$F_{\mu re}^2$ 为考虑摩擦因素影响时结合面加载过程发生弹性变形部分的法向接触载荷，$F_{\mu rep1}^2$ 为相应地发生第一弹塑性变形部分的法向接触载荷，两者分别为：

$$F_{\mu re}^2 = \sum_{n=n_{ec}+1}^{n_{epc}} \int_0^{a_{\mu nec}} f_{\mu ne} N n(a_{\mu n}) \mathrm{d}a_{\mu n} = \frac{4ND(E'G^{D-1}\pi^{0.5})^{D-2}}{3(3-D)} \left(\frac{33k_\mu\sigma_s}{40}\right)^{3-D} \sum_{n=n_{ec}+1}^{n_{epc}} \gamma^{nD(D-2)} a_{\mu nl}^{D/2} \tag{6-25}$$

$$
\begin{aligned}
F_{\mu rep1}^2 &= \sum_{n=n_{ec}+1}^{n_{epc}} \int_{a_{\mu nec}}^{a_{\mu nl}} f_{\mu nep1} N n(a_{\mu n}) \mathrm{d}a_{\mu n} \\
&= \frac{0.376\ 1KHND}{1.254\ 4-0.5D} \left(\frac{40\pi^{0.5} E'G^{D-1}}{33k_\mu\sigma_s}\right)^{0.254\ 4} \sum_{n=n_{ec}+1}^{n_{epc}} \gamma^{0.254\ 4nD} (a_{\mu nl}^{1.254\ 4} - a_{\mu nl}^{0.5D} a_{\mu nec}^{1.254\ 4-0.5D})
\end{aligned}
\tag{6-26}
$$

此时结合面加载过程接触刚度为：

$$K_{\mu r2} = K_{\mu re}^2 + K_{\mu rep1}^2 \tag{6-27}$$

其中，$K_{\mu re}^2$ 为考虑摩擦因素影响时结合面发生弹性变形部分的法向接触刚度，$K_{\mu rep1}^2$ 为相应的结合面发生第一弹塑性变形部分的法向接触刚度，两者分别为：

$$K_{\mu re}^2 = \frac{2E'ND}{(1-D)\pi^{0.5}} \cdot \left(\frac{33k_\mu\sigma_s}{40\pi^{0.5} E'G^{D-1}}\right)^{(1-D)/2} \sum_{n=n_{ec}+1}^{n_{epc}} \gamma^{nD(D-1)/2} a_{\mu nl}^{0.5D} \tag{6-28}$$

$$
\begin{aligned}
K_{\mu rep1}^2 &= \frac{0.471\ 7KHND\pi^{3.254\ 4}}{(0.254\ 4-0.5D)G^{1.745\ 6(D-1)}} \cdot \left(\frac{33k_\mu\sigma_s}{40E'}\right)^{-0.508\ 8} \times \\
&\quad \sum_{n=n_{ec}+1}^{n_{epc}} \gamma^{-1.745\ 6nD} a_{\mu nl}^{0.5D} \left[a_{\mu nl}^{0.254\ 4-0.5D} - \left(\frac{33k_\mu\sigma_s}{40\pi^{0.5} E'G^{D-1}\gamma^{nD}}\right)^{0.508\ 8-D}\right]
\end{aligned}
\tag{6-29}
$$

（3）当尺度级数为 $n_{epc} < n \leqslant n_{pc}$ 时

此时结合面实际接触面积包括三部分：

$$A_{\mu r3} = A_{\mu re}^3 + A_{\mu rep1}^3 + A_{\mu rep2}^3 \tag{6-30}$$

其中，$A_{\mu re}^3$、$A_{\mu rep1}^3$ 和 $A_{\mu rep2}^3$ 依次为考虑摩擦因素时结合面加载过程发生弹性变形、第一弹塑性变形和第二弹塑性变形部分的实际接触面积，且有如下表达式：

$$A_{\mu re}^3 = \frac{ND}{2-D} \left(\frac{33k_\mu\sigma_s}{40\pi^{0.5} E'G^{D-1}}\right)^{2-D} \sum_{n=n_{epc}+1}^{n_{pc}} \gamma^{nD(D-2)} a_{\mu nl}^{\frac{D}{2}} \tag{6-31}$$

$$A_{\mu rep1}^3 = \frac{ND(7.1197^{(2-D)/2}-1)}{2-D} \cdot \left(\frac{33k_\mu\sigma_s}{40\pi^{0.5} E'G^{D-1}}\right)^{2-D} \sum_{n=n_{epc}+1}^{n_{pc}} \gamma^{(D-2)nD} a_{\mu nl}^{D/2} \tag{6-32}$$

$$A_{\mu rep2}^3 = \frac{ND}{2-D} \sum_{n=n_{epc}+1}^{n_{pc}} \left[a_{\mu nl} - 7.119\ 7^{1-0.5D} a_{\mu nl}^{0.5D} \left(\frac{33k_\mu\sigma_s}{40\pi^{0.5} E'G^{D-1}\gamma^{nD}}\right)^{2-D}\right] \tag{6-33}$$

此时结合面加载过程接触载荷为：

$$F_{\mu r3} = F_{\mu re}^3 + F_{\mu rep1}^3 + F_{\mu rep2}^3 \tag{6-34}$$

其中，$F_{\mu re}^3$、$F_{\mu rep1}^3$ 和 $F_{\mu rep2}^3$ 分别为考虑摩擦因素时结合面加载过程发生弹性变形、第一弹塑性变形和第二弹塑性变形的实际接触载荷，且有如下表达式：

$$F_{\mu re}^3 = \frac{4ND\,(E'G^{D-1}\pi^{0.5})^{D-2}}{3(3-D)} \left(\frac{33k_\mu\sigma_s}{40}\right)^{3-D} \sum_{n=n_{epc}+1}^{n_{pc}} \left[\gamma^{nD(D-2)} a_{\mu nl}^{D/2}\right] \tag{6-35}$$

$$
\begin{aligned}
F_{\mu rep1}^3 &= \sum_{n=n_{epc}+1}^{n_{pc}} \int_{a_{\mu nec}}^{a_{\mu nepc}} f_{\mu nep1} n_n(a_{\mu n})\mathrm{d}a_{\mu n} \\
&= \frac{0.376\,1KHND(7.119\,7^{1.254\,4-0.5D}-1)}{1.254\,4-0.5D} \sum_{n=n_{epc}+1}^{n_{pc}} \left[\left(\frac{33k_\mu\sigma_s}{40\pi^{0.5}E'G^{D-1}\gamma^{nD}}\right)^{1-0.5D} a_{\mu nl}^{0.5D}\right]
\end{aligned}
\tag{6-36}
$$

$$
\begin{aligned}
F_{\mu rep2}^3 &= \sum_{n=n_{epc}+1}^{n_{pc}} \int_{a_{\mu nepc}}^{a_{\mu nl}} f_{\mu nep2} n_n(a_{\mu n})\mathrm{d}a_{\mu n} \\
&= \frac{0.499\,6KHND}{1.102\,1-0.5D} \left(\frac{33k_\mu\sigma_s}{40\pi^{0.5}E'G^{D-1}}\right)^{-0.2042} \times \\
&\quad \sum_{n=n_{epc}+1}^{n_{pc}} \left[\gamma^{0.204\,2nD}a_{\mu nl}^{1.102\,1} - 7.119\,7^{1.102\,1-0.5D}\gamma^{nD^2}a_{\mu nl}^{0.5D}\left(\frac{33k_\mu\sigma_s}{40\pi^{0.5}E'G^{D-1}}\right)^{2.204\,2-D}\right]
\end{aligned}
\tag{6-37}
$$

此时结合面加载过程法向接触刚度为:

$$K_{\mu r3} = K_{\mu re}^3 + K_{\mu rep1}^3 + K_{\mu rep2}^3 \tag{6-38}$$

其中,$K_{\mu re}^3$、$K_{\mu rep1}^3$ 和 $K_{\mu rep2}^3$ 分别为考虑摩擦因素时结合面加载过程发生弹性变形、第一弹塑性变形和第二弹塑性变形的法向接触刚度,且有如下表达式:

$$
\begin{aligned}
K_{\mu re}^3 &= \sum_{n=n_{epc}+1}^{n_{pc}} \int_0^{a_{\mu nec}} k_{\mu ne} n_n(a_{\mu n})\mathrm{d}a_{\mu n} \\
&= \frac{2E'ND}{(1-D)\pi^{0.5}} \left(\frac{33k_\mu\sigma_s}{40\pi^{0.5}E'G^{D-1}}\right)^{(1-D)/2} \sum_{n=n_{epc}+1}^{n_{pc}} \left[\gamma^{nD(D-1)/2} a_{\mu nl}^{0.5D}\right]
\end{aligned}
\tag{6-39}
$$

$$
\begin{aligned}
K_{\mu rep1}^3 &= \sum_{n=n_{epc}+1}^{n_{pc}} \int_{a_{\mu nec}}^{a_{\mu nepc}} k_{\mu nep1} n_n(a_{\mu n})\mathrm{d}a_{\mu n} \\
&= \frac{0.471\,7KHND\pi^{3+0.5D}(7.119\,7^{0.254\,4-0.5D}-1)}{(0.254\,4-0.5D)} \left(\frac{33k_\mu\sigma_s}{40E'}\right)^{-D} \times \\
&\quad \sum_{n=n_{epc}+1}^{n_{pc}} \left[(G^{1-D}\gamma^{-nD})^{2.254\,4-D} a_{\mu nl}^{0.5D}\right]
\end{aligned}
\tag{6-40}
$$

$$
\begin{aligned}
K_{\mu rep2}^3 &= \sum_{n=n_{epc}+1}^{n_{pc}} \int_{a_{\mu nepc}}^{a_{\mu nl}} k_{\mu nep2} n_n(a_{\mu n})\mathrm{d}a_{\mu n} \\
&= \frac{0.550\,6KHND\pi^{-2.091\,7}G^{0.892\,7(1-D)}}{(1.102\,1-0.5D)} \left(\frac{33k_\mu\sigma_s}{40E'}\right)^{-0.204\,2} \times \\
&\quad \sum_{n=n_{epc}+1}^{n_{pc}} \frac{a_{\mu nl}^{0.5D}}{\gamma^{0.892\,7nD}} \left\{a_{\mu nl}^{1.102\,1-0.5D} - \left[7.119\,7\left(\frac{33k_\mu\sigma_s\gamma^{-nD}}{40\pi^{0.5}E'G^{D-1}}\right)^2\right]^{1.102\,1-0.5D}\right\}
\end{aligned}
\tag{6-41}
$$

(4) 当尺度级数为 $n_{pc} < n \leqslant n_{max}$ 时

此时结合面实际接触面积包括四部分:

$$A_{\mu r4} = A_{\mu re}^4 + A_{\mu rep1}^4 + A_{\mu rep2}^4 + A_{\mu rp}^4 \tag{6-42}$$

其中,$A_{\mu re}^4$、$A_{\mu rep1}^4$、$A_{\mu rep2}^4$ 和 $A_{\mu rp}^4$ 分别为考虑摩擦因素时结合面发生弹性变形、第一弹塑性变

形、第二弹塑性变形以及完全塑性变形部分的实际接触面积,且有如下表达式:

$$A_{\mu re}^4 = \frac{ND}{2-D}\left(\frac{33k_\mu\sigma_s}{40\pi^{0.5}E'G^{D-1}}\right)^{2-D}\sum_{n=n_{pc}+1}^{n_{\max}}\frac{a_{\mu nl}^{D/2}}{\gamma^{nD(2-D)}} \tag{6-43}$$

$$A_{\mu rep1}^4 = \frac{ND(7.119\,7^{1-0.5D}-1)}{2-D}\left(\frac{33k_\mu\sigma_s}{40\pi^{0.5}E'G^{D-1}}\right)^{2-D}\sum_{n=n_{pc}+1}^{n_{max}}\gamma^{(D-2)nD}a_{\mu nl}^{D/2} \tag{6-44}$$

$$A_{\mu rep2}^4 = \frac{ND}{2-D}(205.382\,7^{1-0.5D}-7.119\,7^{1-0.5D})\sum_{n=n_{pc}+1}^{n_{\max}}\left[a_{\mu nl}^{0.5D}\left(\frac{33k_\mu\sigma_s}{40\pi^{0.5}E'G^{D-1}\gamma^{nD}}\right)^{2-D}\right] \tag{6-45}$$

$$A_{\mu rp}^4 = \frac{ND}{2-D}\sum_{n=n_{pc}+1}^{n_{\max}}\left[a_{\mu nl}-205.382\,7^{1-0.5D}\left(\frac{33k_\mu\sigma_s}{40\pi^{0.5}E'G^{D-1}\gamma^{nD}}\right)^{2-D}a_{\mu nl}^{0.5D}\right] \tag{6-46}$$

此时结合面加载过程总的法向接触载荷为:

$$F_{\mu r4} = F_{\mu re}^4 + F_{\mu rep1}^4 + F_{\mu rep2}^4 + F_{\mu rp}^4 \tag{6-47}$$

其中,$F_{\mu re}^4$、$F_{\mu rep1}^4$、$F_{\mu rep2}^4$ 和 $F_{\mu rp}^4$ 分别为考虑摩擦因素时结合面加载过程发生弹性变形、第一弹塑性变形、第二弹塑性变形以及完全塑性变形的实际接触载荷,且有如下表达式:

$$\begin{aligned}F_{\mu re}^4 &= \sum_{n=n_{pc}+1}^{n_{\max}}\int_0^{a_{\mu nec}}f_{\mu ne}n_n(a_{\mu n})\mathrm{d}a_{\mu n}\\ &= \frac{4ND\,(E'G^{D-1}\pi^{0.5})^{D-2}}{3(3-D)}\left(\frac{33k_\mu\sigma_s}{40}\right)^{3-D}\sum_{n=n_{pc}+1}^{n_{\max}}\gamma^{nD(D-2)}a_{\mu nl}^{D/2}\end{aligned} \tag{6-48}$$

$$\begin{aligned}F_{\mu rep1}^4 &= \sum_{n=n_{pc}+1}^{n_{\max}}\int_{a_{\mu nec}}^{a_{\mu nepc}}f_{\mu nep1}n_n(a_{\mu n})\mathrm{d}a_{\mu n}\\ &= \frac{0.376\,1KHND(7.119\,7^{1.254\,4-0.5D}-1)}{1.254\,4-0.5D}\sum_{n=n_{pc}+1}^{n_{\max}}\left(\frac{33k_\mu\sigma_s}{40\pi^{0.5}E'G^{D-1}\gamma^{nD}}\right)^{1-0.5D}a_{\mu nl}^{0.5D}\end{aligned} \tag{6-49}$$

$$\begin{aligned}F_{\mu rep2}^4 &= \sum_{n=n_{pc}+1}^{n_{\max}}\int_{a_{\mu nepc}}^{a_{\mu pc}}f_{\mu nep2}n_n(a_{\mu n})\mathrm{d}a_{\mu n}\\ &= \frac{0.499\,6KHND(205.382\,7^{1.102\,1-0.5D}-7.119\,7^{1.102\,1-0.5D})}{1.102\,1-0.5D}\times\\ &\quad\sum_{n=n_{pc}+1}^{n_{\max}}\left(\frac{33k_\mu\sigma_s}{40\pi^{0.5}E'G^{D-1}\gamma^{nD}}\right)^{1-0.5D}a_{\mu nl}^{0.5D}\end{aligned} \tag{6-50}$$

$$\begin{aligned}F_{\mu rp}^4 &= \sum_{n=n_{pc}+1}^{n_{\max}}\int_{a_{\mu npc}}^{a_{\mu nl}}f_{\mu np}n_n(a_{\mu n})\mathrm{d}a_{\mu n}\\ &= \frac{HND}{2-D}\sum_{n=n_{pc}+1}^{n_{\max}}\left[a_{\mu nl}^{1-0.5D}-205.382\,7^{1-0.5D}\left(\frac{33k_\mu\sigma_s}{40\pi^{0.5}E'G^{D-1}\gamma^{nD}}\right)^{2-D}\right]a_{\mu nl}^{0.5D}\end{aligned} \tag{6-51}$$

此时结合面总的法向接触刚度为:

$$K_{\mu r4} = K_{\mu re}^4 + K_{\mu rep1}^4 + K_{\mu rep2}^4 \tag{6-52}$$

其中,$K_{\mu re}^4$、$K_{\mu rep1}^4$、$K_{\mu rep2}^4$ 分别为考虑摩擦因素时结合面加载过程发生弹性变形、第一弹塑性变形、第二弹塑性变形的法向接触刚度,且有如下表达式:

$$K_{\mu re}^4 = \sum_{n=n_{pc}+1}^{n_{\max}}\int_0^{a_{\mu nec}}k_{\mu ne}n_n(a_{\mu n})\mathrm{d}a_{\mu n}$$

$$= \frac{2E'ND}{(1-D)\pi^{0.5}} \cdot \left(\frac{33k_\mu\sigma_s}{40\pi^{0.5}E'G^{D-1}}\right)^{(1-D)/2} \sum_{n=n_{pc}+1}^{n_{max}} \gamma^{nD(D-1)/2} a_{\mu nl}^{0.5D} \tag{6-53}$$

$$K_{\mu rep1}^4 = \sum_{n=n_{pc}+1}^{n_{max}} \int_{a_{\mu nec}}^{a_{\mu nepc}} k_{\mu nep1} n_n(a_{\mu n}) da_{\mu n}$$

$$= \frac{0.471\,7KHND\pi^{3+0.5D}(7.119\,7^{0.254\,4-0.5D}-1)}{(0.254\,4-0.5D)} \cdot \left(\frac{33k_\mu\sigma_s}{40E'}\right)^{-D} \times$$

$$\sum_{n=n_{pc}+1}^{n_{max}} (G^{1-D}\gamma^{-nD})^{2.254\,4-D} a_{\mu nl}^{0.5D} \tag{6-54}$$

$$K_{\mu rep2}^4 = \sum_{n=n_{pc}+1}^{n_{max}} \int_{a_{\mu npc}}^{a_{\mu npc}} k_{\mu nep2} n_n(a_{\mu n}) da_{\mu n}$$

$$= \frac{0.550\,6KHND\pi^{-2.091\,7}(205.382\,7^{1.102\,1-0.5D}-7.119\,7^{1.102\,1-0.5D})}{(1.102\,1-0.5D)} \times$$

$$\left(\frac{33k_\mu\sigma_s}{40E'}\right)^{2-D} G^{(1-D)(3.096\,9-D)} \sum_{n=n_{pc}+1}^{n_{max}} \gamma^{nD(D-3.096\,9)} a_{\mu nl}^{0.5D} \tag{6-55}$$

于是得考虑摩擦因素影响时,所有尺度级数下结合面加载过程总实际接触面积、接触载荷、接触刚度分别为:

$$A_{\mu r} = A_{\mu r1} + A_{\mu r2} + A_{\mu r3} + A_{\mu r4} \tag{6-56}$$

$$F_{\mu r} = F_{\mu r1} + F_{\mu r2} + F_{\mu r3} + F_{\mu r4} \tag{6-57}$$

$$K_{\mu r} = K_{\mu r1} + K_{\mu r2} + K_{\mu r3} + K_{\mu r4} \tag{6-58}$$

同样参照前面内容可对结合面总的实际接触面积、总的接触载荷、总的接触刚度进行无量纲化。

6.2 考虑摩擦因素影响的结合面卸载过程多尺度接触分形模型

6.2.1 多尺度微凸体卸载过程接触模型

微凸体处于不同的变形阶段时,对其进行卸载会有不同的情形。当微凸体发生弹性变形时,卸载会使得其变形完全恢复初始状态,此种情况下微凸体的接触载荷和接触面积和加载过程一致[9]。而当微凸体发生完全塑性变形时,即使对其进行卸载微凸体的变形量也不会有所恢复,所以在研究微凸体的卸载过程时,本文指的是微凸体发生弹塑性变形时的卸载过程。对发生弹塑性变形的微凸体进行卸载时,微凸体的变形并不能恢复到加载前的原始状态,即 $\omega^u \neq \omega$。Etsion 等在前期的研究中提出残余变形量 ω_{res} 和微凸体的最大变形量 ω_{max} 存在如下关系[10]:

$$\frac{\omega_{res}}{\omega_{max}} = \left[1 - \frac{1}{(\omega_{max}/\omega_{ec})^{0.28}}\right]\left[1 - \frac{1}{(\omega_{max}/\omega_{ec})^{0.69}}\right] \tag{6-59}$$

根据式(6-7)、式(6-8)、式(6-59)、式(3-42)以及 $f_{\mu nec}$ 得出考虑摩擦因素时多尺度微凸体弹性、第一和第二弹塑性变形阶段卸载过程中的法向接触载荷分别为:

$$f_{\mu ne}^u = \frac{4\pi^{0.5}G^{D-1}E'\gamma^{nD}a_{\mu n}^{u\,1.5}}{3\left[1 + 1.275\left(\frac{E'}{\sigma_s}\right)^{-0.216}\left(\frac{a_{\mu nl}}{a_{\mu nec}}-1\right)\right]} \tag{6-60}$$

$$f_{\mu nep1}^{u} = \frac{2.06KH}{3} a_{\mu nec} \left(\frac{\omega_{nmax}}{\omega_{\mu nec}} \right)^{1.425} \left[\frac{a_{\mu n}^{u}}{0.93 a_{\mu nec} (\omega_{nmax}/\omega_{\mu nec})^{1.136}} \right]^{1.5(\omega_{nmax}/\omega_{\mu nec})^{0.0869}} \quad (6-61)$$

$$f_{\mu nep2}^{u} = \frac{2.8KH}{3} a_{\mu nec} \left(\frac{\omega_{nmax}}{\omega_{\mu nec}} \right)^{1.236} \left[\frac{a_{\mu n}^{u}}{0.94 a_{\mu nec} (\omega_{nmax}/\omega_{\mu nec})^{1.146}} \right]^{1.5(\omega_{nmax}/\omega_{\mu nec})^{0.0869}} \quad (6-62)$$

可见，$f_{\mu nep1}^{u} \sim a_{\mu n}^{u\ x}$，$f_{\mu nep2}^{u} \sim a_{\mu n}^{u\ x}$。

于是可分别得到考虑摩擦因素时各个变形阶段多尺度微凸体卸载过程中的法向接触刚度理论模型：

（1）多尺度微凸体弹性变形时的法向接触刚度

$$k_{\mu ne}^{u} = \frac{df_{\mu ne}^{u}}{d\omega_{\mu n}^{u}} = 2E' \pi^{-0.5} a_{\mu n}^{u\ 0.5} \quad (6-63)$$

（2）多尺度微凸体弹塑性变形时

尺度级数为 n 的微凸体卸载过程发生第一弹塑性变形的法向接触刚度理论模型为：

$$k_{\mu nep1}^{u} = \frac{df_{\mu nep1}^{u}}{d\omega_{\mu n}^{u}} = 1.2946 \pi^{2.4484} R_{n}^{u\ 1.9656} E'^{-0.9656} (k_{\mu}\sigma_{s})^{1.9656} a_{\mu n}^{u\ -0.4828} \quad (6-64)$$

多尺度微凸体卸载过程发生第二弹塑性变形的法向接触刚度理论模型为：

$$k_{\mu nep2}^{u} = \frac{df_{\mu nep2}^{u}}{d\omega_{\mu n}^{u}} = 1.7\pi^{1.9042} R_{n}^{u\ 1.6028} E'^{-0.6028} (k_{\mu}\sigma_{s})^{1.6028} a_{\mu n}^{u\ -0.3014} \quad (6-65)$$

6.2.2 结合面卸载过程接触特性多尺度分形理论模型

定义结合面卸载过程微凸体分布密度函数为：

$$n^{u}(a_{n}) = C \cdot \frac{D}{2} (a_{nl}^{u})^{D/2} (a_{n}^{u})^{-(D+2)/2} \quad (6-66)$$

其中，C 为卸载过程结合面微凸体分布密度函数修正系数。

假设微凸体在各个变形阶段分布密度函数修正系数分别为：C_{e}、C_{ep1}、C_{ep2}，根据理论上加载结束时与卸载开始时结合面真实接触面积相等有如下关系式：

$$\int_{0}^{a_{\mu nec}} n(a_{\mu n}) \cdot a_{\mu n} da_{\mu n} = \int_{0}^{a_{\mu nec}} C_{e} \cdot n(a_{\mu n}^{u}) \cdot a_{\mu n}^{u} da_{\mu n}^{u} \quad (6-67)$$

$$\int_{a_{\mu nec}}^{a_{\mu nepc}} n(a_{\mu n}) \cdot a_{\mu n} da_{\mu n} = \int_{0}^{a_{\mu nepc}} C_{ep1} \cdot n(a_{\mu n}^{u}) \cdot a_{\mu n}^{u} da_{\mu n}^{u} \quad (6-68)$$

$$\int_{a_{\mu nepc}}^{a_{\mu nl}} n(a_{\mu n}) \cdot a_{\mu n} da_{\mu n} = \int_{0}^{a_{\mu nl}} C_{ep2} \cdot n(a_{\mu n}^{u}) \cdot a_{\mu n}^{u} da_{\mu n}^{u} \quad (6-69)$$

由此可得：

$$C_{e} = 1 \quad (6-70)$$

$$C_{ep1} = \frac{0.465(2-D)(1-7.1197^{1.136-0.5D})}{(1.136-0.5D)(1-7.1197^{1-0.5D})} \quad (6-71)$$

$$C_{ep2} = \frac{0.47(2-D)(7.1197^{1.146-0.5D} - 205.3827^{1.146-0.5D})}{205.3827^{1-0.5D}(1.146-0.5D)} \quad (6-72)$$

根据加载过程的计算，考虑摩擦因素影响的情况下，结合面卸载过程实际接触面积 $A_{\mu r}^{u}$ 为：

$$A_{\mu r}^{u} = A_{\mu r1}^{u} + A_{\mu r2}^{u} + A_{\mu r3}^{u} + A_{\mu r4}^{u} \quad (6-73)$$

结合面卸载过程法向接触载荷 $F_{\mu r}^{u}$ 为：

$$F_{\mu r}^{u} = F_{\mu r1}^{u} + F_{\mu r2}^{u} + F_{\mu r3}^{u} + F_{\mu r4}^{u} \quad (6-74)$$

结合面卸载过程法向接触刚度 $K_{\mu r}^{u}$ 为：

$$K_{\mu r}^{u} = K_{\mu r1}^{u} + K_{\mu r2}^{u} + K_{\mu r3}^{u} + K_{\mu r4}^{u} \tag{6-75}$$

其中，$A_{\mu r1}^{u}$ 为考虑摩擦因素影响时，尺度级数为 $n_{\min} < n \leqslant n_{ec}$ 时结合面实际接触面积；$A_{\mu r2}^{u}$ 为相应的尺度级数为 $n_{ec} < n \leqslant n_{epc}$ 时结合面实际接触面积；$A_{\mu r3}^{u}$ 为尺度级数为 $n_{epc} < n \leqslant n_{pc}$ 时结合面实际接触面积；$A_{\mu r4}^{u}$ 为尺度级数为 $n_{pc} < n \leqslant n_{\max}$ 时结合面实际接触面积；$F_{\mu r1}^{u} \sim F_{\mu r4}^{u}$ 和 $K_{\mu r1}^{u} \sim K_{\mu r4}^{u}$ 为相应的结合面卸载过程法向接触载荷和接触刚度；对各尺度级数范围内的结合面卸载过程实际接触面积、接触载荷、接触刚度分别建立多尺度分形理论模型：

（1）尺度级数为 $n_{\min} < n \leqslant n_{ec}$ 时

此时 $a_{\mu nl}^{u} \leqslant a_{\mu nec}$，结合面只发生弹性变形，可得考虑摩擦因素影响下结合面卸载过程实际接触面积多尺度分形理论模型为：

$$A_{\mu r1}^{u} = \sum_{n=n_{\min}}^{n_{ec}} \int_{0}^{a_{\mu nl}} C_{e} n_{n}^{u}(a_{\mu n}^{u}) a_{\mu n}^{u} da_{\mu n}^{u} = \frac{ND}{2-D} \sum_{n=n_{\min}}^{n_{ec}} a_{\mu nl} \tag{6-76}$$

此时结合面卸载过程法向接触载荷 $F_{\mu r1}^{u}$ 为：

$$\begin{aligned}
F_{\mu r1}^{u} &= \sum_{n=n_{\min}}^{n_{ec}} \int_{0}^{a_{\mu nl}} C_{e} n_{n}^{u}(a_{\mu n}^{u}) f_{\mu ne}^{u} da_{\mu n}^{u} \\
&= \sum_{n=n_{\min}}^{n_{ec}} \frac{4\pi^{0.5} G^{D-1} N E' \gamma^{nD} a_{\mu nl}^{1.5}}{3(3-D)\left(1+1.275\left(\dfrac{E'}{\sigma_{s}}\right)^{-0.216}\left(\dfrac{a_{\mu nl}}{a_{\mu nec}}-1\right)\right)}
\end{aligned} \tag{6-77}$$

结合面卸载过程法向接触刚度 $K_{\mu r1}^{u}$ 为：

$$K_{\mu r1}^{u} = \sum_{n=n_{\min}}^{n_{ec}} \int_{0}^{a_{\mu nl}} k_{\mu ne}^{u} n_{n}^{u}(a_{\mu n}^{u}) da_{\mu n}^{u} = \frac{2}{1-D} \pi^{-0.5} E' ND \sum_{n=n_{\min}}^{n_{ec}} a_{\mu nl}^{0.5} \tag{6-78}$$

（2）尺度级数为 $n_{ec} < n \leqslant n_{epc}$ 时

考虑摩擦因素影响的情况下，尺度级数处于 $n_{ec} < n \leqslant n_{epc}$ 时，结合面在卸载过程总的实际接触面积为：$A_{\mu r2}^{u} = A_{\mu re,2}^{u} + A_{\mu rep1,2}^{u}$。其中，结合面在此种情况下发生弹性变形部分的实际接触面积 $A_{\mu re,2}^{u}$ 为：

$$A_{\mu re,2}^{u} = \sum_{n=n_{ec}+1}^{n_{epc}} \int_{0}^{a_{\mu nec}} C_{e} n_{n}^{u}(a_{\mu n}^{u}) a_{\mu n}^{u} da_{\mu n}^{u} = \sum_{n=n_{ec}+1}^{n_{epc}} \frac{ND}{2-D}\left(\frac{33 k_{\mu}\sigma_{s}}{40\pi^{0.5} E' G^{D-1}\gamma^{nD}}\right)^{2-D} a_{\mu nl}^{0.5D} \tag{6-79}$$

相应的结合面发生第一弹塑性变形部分的实际接触面积 $A_{\mu rep1,2}^{u}$ 为：

$$\begin{aligned}
A_{\mu rep1,2}^{u} &= \sum_{n=n_{ec}+1}^{n_{epc}} \int_{a_{\mu nec}}^{a_{\mu nl}} C_{ep1} n_{n}^{u}(a_{\mu n}^{u}) a_{\mu n}^{u} da_{\mu n}^{u} \\
&= \sum_{n=n_{ec}+1}^{n_{epc}} \frac{0.465(1-7.1197^{1.136-0.5D}) ND a_{\mu nl}^{0.5D}}{(1.136-0.5D)(1-7.1197^{1-0.5D})}\left[a_{\mu nl}^{1-0.5D}-\left(\frac{33 k_{\mu}\sigma_{s}}{40\pi^{0.5} E' G^{D-1}\gamma^{nD}}\right)^{2-D}\right]
\end{aligned} \tag{6-80}$$

考虑摩擦因素影响的情况下，尺度级数处于 $n_{ec} < n \leqslant n_{epc}$ 时，结合面在卸载过程总的法向接触载荷 $F_{\mu r2}^{u}$ 为：$F_{\mu r2}^{u} = F_{\mu re,2}^{u} + F_{\mu rep1,2}^{u}$。其中，$F_{\mu re,2}^{u}$ 为结合面卸载过程发生弹性变形部分的法向接触载荷，$F_{\mu rep1,2}^{u}$ 为结合面卸载过程发生第一弹塑性变形部分的法向接触载荷。为了更精确的得到结合面卸载过程接触载荷模型，定义两种变形情况下载荷修正系数分别为

$D_{\mu ne}^2$ 和 $D_{\mu nep1}^2$。在此认为加载结束时即进入卸载状态,可用下式表示:

$$\int_0^{a_{\mu nec}} f_{\mu ne} n_{\rm n}(a_{\mu n}) {\rm d}a_{\mu n} = \int_0^{a_{\mu nec}} D_{\mu ne}^2 f_{\mu ne}^u n_{\rm n}^u(a_{\mu n}^u) {\rm d}a_{\mu n}^u \tag{6-81}$$

$$\int_{a_{\mu nec}}^{a_{\mu nl}} f_{\mu nep1} n_{\rm n}(a_{\mu n}) {\rm d}a_{\mu n} = \int_{a_{\mu nec}}^{a_{\mu nl}} D_{\mu nep1}^2 f_{\mu nep1}^u n_{\rm ncp1}^u(a_{\mu n}^u) {\rm d}a_{\mu n}^u \tag{6-82}$$

由此可得出载荷修正系数 $D_{\mu ne}^2$ 和 $D_{\mu nep1}^2$ 分别为:

$$D_{\mu ne}^2 = \frac{\left[1 + 1.275\left(\frac{\sigma_{\rm s}}{}\right)^{-0.216}\left(\frac{a_{\mu nl}^u}{a_{\mu nec}} - 1\right)\right](6-D)}{(3-D)}\left(\frac{40\pi^{0.5}E'G^{D-1}\gamma^{nD}}{33k_\mu\sigma_{\rm s}}\right)^3 \tag{6-83}$$

$$D_{\mu nep1}^2 = \frac{2.355\,8(1.136-0.5D)(1-7.119\,7^{1-0.5D})\left[1.5\left(\frac{a_{\mu nl}}{a_{\mu nec}}\right)^{0.086\,9} + 1.5 - 0.5D\right]}{0.93^{-1.5(a_{\mu nl}/a_{\mu nec})^{0.086\,9}}(2.754\,4-0.5D)(2-D)(1-7.119\,7^{1.136-0.5D})} \times$$
$$a_{\mu nec}^{0.170\,6-0.204(a_{\mu nl}/a_{\mu nec})^{0.086\,9}} a_{\mu nl}^{0.5D-2.925+0.204(a_{\mu nl}^u/a_{\mu nec})^{0.086\,9}}(a_{\mu nl}^{2.254\,4-0.5D} - a_{\mu nec}^{2.754\,4-0.5D}) \tag{6-84}$$

进而得出该尺度级数范围内,考虑摩擦因素影响的情况下,结合面在卸载过程弹性变形、第一弹塑性变形部分法向接触载荷分别为:

$$F_{\mu re,2}^u = \sum_{n=n_{\rm ec}+1}^{n_{\rm epc}} \int_0^{a_{\mu nec}} D_{\mu ne}^2 C_e f_{\mu ne}^u n_{\rm n}^u(a_{\mu n}^u) {\rm d}a_{\mu n}^u$$
$$= \sum_{n=n_{\rm ec}+1}^{n_{\rm epc}} \frac{4(6-D)ND(\pi^{0.5}E'G^{D-1}\gamma^{nD})^4}{3(3-D)^2}\left(\frac{40}{33k_\mu\sigma_{\rm s}}\right)^3 a_{\mu nl}^{0.5D} a_{\mu nec}^{1.5-0.5D} \tag{6-85}$$

$$F_{\mu rep1,2}^u = \sum_{n=n_{\rm ec}+1}^{n_{\rm epc}}\left[\frac{0.159\,65 \times (6-D)(2-D)(1-7.1197^{1.136-0.5D})KHND}{0.93^{1.5\left(\frac{a_{\mu nl}}{a_{\mu nec}}\right)^{0.086\,9}}(3-D)(1.136-0.5D)(1-7.119\,7^{1-0.5D})} \times\right.$$
$$\left.\frac{1+1.275\left(\frac{E'}{\sigma_{\rm s}}\right)^{-0.216}\left(\frac{a_{\mu nl}}{a_{\mu nec}} - 1\right)}{1.5-0.5D-1.5\left(\frac{a_{\mu nl}}{a_{\mu nec}}\right)^{0.086\,9}} \cdot a_{\mu nec}^{0.204\left(\frac{a_{\mu nl}}{a_{\mu nec}}\right)^{0.086\,9}-1.925} a_{\mu nl}^{2.925-3.204\left(\frac{a_{\mu nl}}{a_{\mu nec}}\right)^{0.086\,9}}\right] \tag{6-86}$$

此阶段考虑摩擦因素影响的情况下结合面卸载过程中总的法向接触刚度 $K_{\mu r2}^u$ 为: $K_{\mu r2}^u = K_{\mu re,2}^u + K_{\mu rep1,2}^u$。其中,结合面发生弹性变形部分的法向接触刚度 $K_{\mu re,2}^u$ 为:

$$K_{\mu re,2}^u = \sum_{n=n_{\rm ec}+1}^{n_{\rm epc}} \int_0^{a_{\mu nec}} k_{\mu ne}^u n_{\rm ne}^u(a_{\mu n}^u) {\rm d}a_{\mu n}^u = \sum_{n=n_{\rm ec}+1}^{n_{\rm epc}} \frac{2E'ND}{\pi^{0.5}(3+D)}\left(\frac{33k_\mu\sigma_{\rm s}}{40\pi^{0.5}E'G^{D-1}\gamma^{nD}}\right)^{3+D} \tag{6-87}$$

结合面发生第一弹塑性变形部分的法向接触刚度 $K_{\mu rep1,2}^u$ 为:

$$K_{\mu rep1,2}^u = \sum_{n=n_{\rm ec}+1}^{n_{\rm epc}} \int_0^{a_{\mu nl}} k_{\mu nep1}^u n_{\rm nep1}^u(a_{\mu n}^u) {\rm d}a_{\mu n}^u$$
$$= \frac{0.301(k_\mu\sigma_{\rm s})^{1.965\,6}(D-2)(1-7.119\,7^{1.136-0.5D})ND}{\pi^{1.482\,8}E'^{0.965\,6}(1.136-0.5D)(1-7.119\,7^{1-0.5D})(0.5D+0.482\,8)} \times$$
$$\sum_{n=n_{\rm ec}+1}^{n_{\rm epc}} \frac{\left[1+1.275\left(\frac{E'}{\sigma_{\rm s}}\right)^{-0.216}\left(\frac{a_{\mu nl}}{a_{\mu nec}} - 1\right)\right]^{1.965\,6} a_{\mu nl}^{-0.482\,8}}{(G^{D-1}\gamma^{nD})^{1.965\,6}} \tag{6-88}$$

（3）尺度级数为 $n_{\mathrm{epc}}<n\leqslant n_{\mathrm{pc}}$ 时

考虑摩擦因素影响的情况下，尺度级数处于 $n_{\mathrm{epc}}<n\leqslant n_{\mathrm{pc}}$ 时，结合面在卸载过程总的实际接触面积 $A^u_{\mu r3}$ 为：$A^u_{\mu r3}=A^u_{\mu re,3}+A^u_{\mu rep1,3}+A^u_{\mu rep2,3}$。其中，结合面卸载过程发生弹性变形部分的实际接触面积 $A^u_{\mu re,3}$ 为：

$$A^u_{\mu re,3}=\sum_{n=n_{\mathrm{epc}}+1}^{n_{\mathrm{pc}}}\int_0^{a^u_{\mu nec}}C_e n^u_n(a^u_{\mu n})a^u_{\mu n}\mathrm{d}a^u_{\mu n}=\sum_{n=n_{\mathrm{epc}}+1}^{n_{\mathrm{pc}}}\frac{NDa_{\mu nl}^{0.5D}}{2-D}\left(\frac{33k_\mu\sigma_s}{40\pi^{0.5}E'G^{D-1}\gamma^{nD}}\right)^{2-D}$$

(6-89)

结合面在此时发生第一、第二弹塑性变形部分的实际接触面积分别为：

$$A^u_{\mu rep1,3}=\sum_{n=n_{\mathrm{epc}}+1}^{n_{\mathrm{pc}}}\int_0^{a_{\mu nepc}}C_{ep1}n^u_n(a^u_{\mu n})a^u_{\mu n}\mathrm{d}a^u_{\mu n}$$
$$=\frac{0.465\times7.1197^{1-0.5D}(1-7.119\,7^{1.136-0.5D})ND}{(1.136-0.5D)(1-7.119\,7^{1-0.5D})}\times$$
$$\sum_{n=n_{\mathrm{epc}}+1}^{n_{\mathrm{pc}}}a_{\mu nl}^{0.5D}\left(\frac{33k_\mu\sigma_s}{40\pi^{0.5}E'G^{D-1}\gamma^{nD}}\right)^{2-D}$$

(6-90)

$$A^u_{\mu rep2,3}=\sum_{n=n_{\mathrm{epc}}+1}^{n_{\mathrm{pc}}}\int_0^{a_{\mu nl}}C_{ep2}n^u_n(a^u_{\mu n})a^u_{\mu n}\mathrm{d}a^u_{\mu n}$$
$$=\sum_{n=n_{\mathrm{epc}}+1}^{n_{\mathrm{pc}}}\frac{0.47ND(7.119\,7^{1.146-0.5D}-205.382\,7^{1.146-0.5D})a_{\mu nl}}{205.382\,7^{1-0.5D}(1.146-0.5D)}$$

(6-91)

考虑摩擦因素影响的情况下，尺度级数处于 $n_{\mathrm{epc}}<n\leqslant n_{\mathrm{pc}}$ 时，结合面卸载过程中总的法向接触载荷 $F^u_{\mu r3}$ 为：$F^u_{\mu r3}=F^u_{\mu re,3}+F^u_{\mu rep1,3}+F^u_{\mu rep2,3}$。其中，$F^u_{\mu re,3}$ 为结合面发生弹性变形部分的法向接触载荷，$F^u_{\mu rep1,3}$ 和 $F^u_{\mu rep2,3}$ 分别为结合面此时发生第一、第二弹塑性变形部分的法向接触载荷。同前所述，定义以上三种变形情况下载荷修正系数分别为 $D^3_{\mu ne}$、$D^3_{\mu nep1}$ 和 $D^3_{\mu nep2}$。根据结合面各个变形阶段加载状态结束时与卸载状态开始时载荷相同，可以求得：

$$D^3_{\mu ne}=\frac{\left[1+1.275\left(\frac{E'}{\sigma_s}\right)^{-0.216}\left(\frac{a_{\mu nl}}{a_{\mu nec}}-1\right)\right](6-D)}{(3-D)}\left(\frac{40\pi^{0.5}E'G^{D-1}\gamma^{nD}}{33k_\mu\sigma_s}\right)^3$$

(6-92)

$$D^3_{\mu nep1}=\frac{2.355\,2(1.136-0.5D)(1-7.119\,7^{1-0.5D})}{(2.754\,4-0.5D)(2-D)(1-7.119\,7^{1.136-0.5D})}\times$$
$$(7.119\,7^{2.754\,4-0.5D}-1)\left[1.5\left(\frac{a_{\mu nl}}{a_{\mu nec}}\right)^{0.086\,9}+1.5-0.5D\right]\times$$
$$0.93^{1.5(a_{\mu nl}/a_{\mu nec})^{0.086\,9}}\times7.1197^{\left[0.5D-1.5-1.5\left(\frac{a_{\mu nl}}{a_{\mu nec}}\right)^{0.086\,9}\right]}\left(\frac{a_{\mu nl}}{a_{\mu nec}}\right)^{1.704(a_{\mu nl}/a_{\mu nec})^{0.086\,9}-1.425}$$

(6-93)

$$D^3_{\mu nep2}=\frac{2.278\,2\times205.382\,7^{1-0.5D}(1.146-0.5D)}{(1.102\,1-0.5D)(2-D)(7.119\,7^{1.14-0.5D}-205.382\,7^{1.146-0.5D})}\times$$
$$0.94^{1.5(a_{\mu nl}/a_{\mu nec})^{0.086\,9}}\left[1.5\,(a_{\mu nl}/a_{\mu nec})^{0.086\,9}-0.5D\right]\times$$
$$a_{\mu nec}^{0.133\,9-0.219(a_{\mu nl}/a_{\mu nec})^{0.086\,9}}a_{\mu nl}^{0.5D-1.236+0.219(a_{\mu nl}/a_{\mu nec})^{0.086\,9}}\times$$
$$\left[a_{\mu nl}^{1.102\,1-0.5D}-(7.119\,7a_{\mu nec})^{1.102\,1-0.5D}\right]$$

(6-94)

进而可得在该尺度级数范围内，考虑摩擦因素影响的情况下，结合面卸载过程发生弹性变形、第一弹塑性变形、第二弹塑性变形部分的法向接触载荷分别为：

$$
\begin{aligned}
F_{\mu re,3}^{u} &= \sum_{n=n_{epc}+1}^{n_{pc}} \int_{0}^{a_{\mu nec}} D_{\mu ne}^{3} C_{e} f_{\mu ne}^{u} n_{n}^{u}(a_{\mu n}^{u}) \mathrm{d}a_{\mu n}^{u} \\
&= \sum_{n=n_{epc}+1}^{n_{pc}} \frac{4(6-D)ND(\pi^{0.5}E'G^{D-1}\gamma^{nD})^{4}}{3(3-D)^{2}} \left(\frac{40}{33k_{\mu}\sigma_{s}}\right)^{3} a_{\mu nl}^{0.5D} a_{\mu nec}^{1.5-0.5D}
\end{aligned}
\tag{6-95}
$$

$$
\begin{aligned}
F_{\mu rep1,3}^{u} &= \sum_{n=n_{epc}+1}^{n_{pc}} \int_{0}^{a_{\mu nepc}} D_{\mu nep1}^{3} C_{ep1} f_{\mu nep1}^{u} n_{n}^{u}(a_{\mu n}^{u}) \mathrm{d}a_{\mu n}^{u} \\
&= \sum_{n=n_{epc}+1}^{n_{pc}} \left\{ \frac{0.376 \times 7.1197^{-1.5} \times (7.1197^{2.7544-0.5D}-1)KHND}{(2.7544-0.5D)[1.5(a_{\mu nl}/a_{\mu nec})^{0.0869}-0.5D]} \times \right. \\
&\qquad \left. [1.5(a_{\mu nl}/a_{\mu nec})^{0.0869}-0.5D+1.5]a_{\mu nec}^{1-0.5D} a_{\mu nl}^{0.5D} \right\}
\end{aligned}
\tag{6-96}
$$

$$
\begin{aligned}
F_{\mu rep2,3}^{u} &= \sum_{n=n_{epc}+1}^{n_{pc}} \int_{0}^{a_{\mu nl}} D_{\mu nep2}^{3} C_{ep2} f_{\mu nep2}^{u} n_{n}^{u}(a_{\mu n}^{u}) \mathrm{d}a_{\mu n}^{u} \\
&= \sum_{n=n_{epc}+1}^{n_{pc}} \left\{ \frac{0.4997KHND[a_{\mu nl}^{1.1021-0.5D}-(7.1197a_{\mu nec})^{1.1021-0.5D}]}{1.1021-0.5D} \times \right. \\
&\qquad \left. a_{\mu nec}^{-0.1021} a_{\mu nl}^{D-1.5(a_{\mu nl}/a_{\mu nec})^{0.0869}+1.5(a_{\mu nl}/a_{\mu nec})^{0.0869-0.5D}} \right\}
\end{aligned}
\tag{6-97}
$$

此时考虑摩擦因素影响的情况下结合面卸载过程中总的法向接触刚度 $K_{\mu r3}^{u}$ 为：$K_{\mu r3}^{u} = K_{\mu re,3}^{u} + K_{\mu rep1,3}^{u} + K_{\mu rep2,3}^{u}$。其中，结合面卸载过程发生弹性变形部分的法向接触刚度 $K_{\mu re,3}^{u}$ 为：

$$
K_{\mu re,3}^{u} = \sum_{n=n_{epc}+1}^{n_{pc}} \int_{0}^{a_{\mu nec}} k_{\mu ne}^{u} n_{ne}^{u}(a_{\mu n}^{u}) \mathrm{d}a_{\mu n}^{u} = \sum_{n=n_{epc}+1}^{n_{pc}} \frac{2\pi^{-0.5}}{3+D} E'ND \left(\frac{33k_{\mu}\sigma_{s}}{40\pi^{0.5}E'G^{D-1}\gamma^{nD}}\right)^{3+D}
\tag{6-98}
$$

结合面卸载过程发生第一、第二弹塑性变形部分的法向接触刚度分别为：

$$
\begin{aligned}
K_{\mu rep1,3}^{u} &= \sum_{n=n_{epc}+1}^{n_{pc}} \int_{0}^{a_{\mu nepc}} k_{\mu nep1}^{u} n_{nep1}^{u}(a_{\mu n}^{u}) \mathrm{d}a_{\mu n}^{u} \\
&= \frac{0.301\pi^{-1.4828}(k_{\mu}\sigma_{s})^{1.9656}(D-2)(1-7.1197^{1.136-0.5D})ND}{E'^{0.9656}(1.136-0.5D)(1-7.1197^{1-0.5D})(0.5D+0.4828)} \times \\
&\qquad \sum_{n=n_{epc}+1}^{n_{pc}} \frac{\left[1+1.275\left(\dfrac{E'}{\sigma_{s}}\right)^{-0.216}\left(\dfrac{a_{\mu nl}}{a_{\mu nec}}-1\right)\right]^{1.9656} a_{\mu nl}^{-0.5D}}{(G^{D-1}\gamma^{nD})^{1.9656}(7.1197a_{\mu nec})^{0.4828+0.5D}}
\end{aligned}
\tag{6-99}
$$

$$
\begin{aligned}
K_{\mu rep2,3}^{u} &= \sum_{n=n_{epc}+1}^{n_{pc}} \int_{0}^{a_{\mu nl}} k_{\mu nep2}^{u} n_{nep2}^{u}(a_{\mu n}^{u}) \mathrm{d}a_{\mu n}^{u} \\
&= \frac{0.85ND}{-(0.5D+0.3014)\pi^{1.3014}E'^{0.6028}} \times \\
&\qquad \sum_{n=n_{epc}+1}^{n_{pc}} a_{\mu nl}^{-0.3014} \left[\frac{1+1.275\left(\dfrac{E'}{\sigma_{s}}\right)^{-0.216}\left(\dfrac{a_{\mu nl}}{a_{\mu nec}}-1\right)k_{\mu}\sigma_{s}}{G^{D-1}\gamma^{nD}}\right]^{1.6028}
\end{aligned}
\tag{6-100}
$$

（4）尺度级数为 $n_{pc}<n \leqslant n_{max}$ 时

考虑摩擦因素影响的情况下，尺度级数处于 $n_{pc}<n \leqslant n_{max}$ 时，结合面卸载过程总的实际

接触面积 $A_{\mu r4}^u$ 为：$A_{\mu r4}^u = A_{\mu re,4}^u + A_{\mu rep1,4}^u + A_{\mu rep2,4}^u$。其中，结合面卸载过程发生弹性变形部分的实际接触面积 $A_{\mu re,4}^u$ 为：

$$A_{\mu re,4}^u = \sum_{n=n_{pc}+1}^{n_{max}} \int_0^{a_{\mu nec}} C_e n_n^u(a_{\mu n}^u) a_{\mu n}^u \mathrm{d}a_{\mu n}^u$$

$$= \sum_{n=n_{pc}+1}^{n_{max}} \frac{D}{2-D} \left(\frac{33k_\mu \sigma_s}{40\pi^{0.5} E'G^{D-1}\gamma^{nD}} \right)^{2-D} (a_{\mu nl})^{0.5D} \tag{6-101}$$

此时结合面卸载过程发生第一、第二弹塑性变形部分的实际接触面积分别为：

$$A_{\mu rep1,4}^u = \sum_{n=n_{pc}+1}^{n_{max}} \frac{0.465 \times 7.1197^{1-0.5D}(1-7.1197^{1.136-0.5D})NDa_{\mu nl}^{0.5D}}{(1.136-0.5D)(1-7.1197^{1-0.5D})} \left(\frac{33k_\mu \sigma_s}{40\pi^{0.5}E'G^{D-1}\gamma^{nD}} \right)^{2-D} \tag{6-102}$$

$$A_{\mu rep2,4}^u = \sum_{n=n_{pc}+1}^{n_{max}} \int_0^{a_{\mu npc}} C_{ep2} n_n^u(a_{\mu n}^u) a_{\mu n}^u \mathrm{d}a_{\mu n}^u$$

$$= \sum_{n=n_{pc}+1}^{n_{max}} \frac{0.47ND(7.1197^{1.146-0.5D}-205.3827^{1.146-0.5D})a_{\mu nl}^{0.5D} a_{\mu nec}^{1-0.5D}}{(1.146-0.5D)} \tag{6-103}$$

考虑摩擦因素影响的情况下，尺度级数处于 $n_{pc} < n \leqslant n_{max}$ 时，结合面卸载过程总的法向接触载荷 $F_{\mu r4}^u$ 为：$F_{\mu r4}^u = F_{\mu re,4}^u + F_{\mu rep1,4}^u + F_{\mu rep2,4}^u$。其中，$F_{\mu re,4}^u$ 为结合面卸载过程发生弹性变形部分的法向接触载荷，$F_{\mu rep1,4}^u$ 和 $F_{\mu rep2,4}^u$ 分别为对应的结合面卸载过程发生第一、第二弹塑性变形部分的法向接触载荷。同前所述，定义以上三种变形情况下载荷修正系数分别为 $D_{\mu ne}^4$、$D_{\mu nep1}^4$ 和 $D_{\mu nep2}^4$。根据结合面各个变形阶段加载状态结束时与卸载状态开始时载荷相同，可以求得：

$$D_{\mu ne}^4 = \frac{[1+1.275(E'/\sigma_s)^{-0.216}(a_{\mu nl}/a_{\mu nec}-1)](6-D)}{(3-D)} \left(\frac{40\pi^{0.5}E'G^{D-1}\gamma^{nD}}{33k_\mu \sigma_s} \right)^3 \tag{6-104}$$

$$D_{\mu nep1}^4 = \frac{2.3552(1.136-0.5D)(1-7.1197^{1-0.5D})(7.1197^{2.7544-0.5D}-1)}{(2.7544-0.5D)(2-D)(1-7.1197^{1.136-0.5D})} \times$$
$$[1.5(a_{\mu nl}/a_{\mu nec})^{0.0869}+1.5-0.5D]0.93^{1.5(a_{\mu nl}/a_{\mu nec})^{0.0869}} \times$$
$$7.1197^{[0.5D-1.5-1.5(a_{\mu nl}/a_{\mu nec})^{0.0869}]} (a_{\mu nl}/a_{\mu nec})^{1.704(a_{\mu nl}/a_{\mu nec})^{0.0869}-1.425} \tag{6-105}$$

$$D_{\mu nep2}^4 = \frac{2.2782 \times 205.3827^{1-1.5(a_{\mu nl}/a_{\mu nec})^{0.0869}}}{(1.1021-0.5D)(D-2)} \times$$
$$0.94^{1.5(a_{\mu nl}/a_{\mu nec})^{0.0869}}(1.146-0.5D)[1.5(a_{\mu nl}/a_{\mu nec})^{0.0869}-0.5D] \times$$
$$a_{\mu nec}^{0.236-1.719(a_{\mu nl}/a_{\mu nec})^{0.0869}} a_{\mu nl}^{1.719(a_{\mu nl}/a_{\mu nec})^{0.0869}-1.236} \tag{6-106}$$

进而可得，考虑摩擦因素影响的情况下，结合面在卸载过程中发生弹性变形部分的法向接触载荷为：

$$F_{\mu re,4}^u = \sum_{n=n_{pc}+1}^{n_{max}} \int_0^{a_{\mu nec}} D_{\mu ne}^4 C_e f_{\mu ne}^u n_n^u(a_{\mu n}^u) \mathrm{d}a_{\mu n}^u$$

$$= \sum_{n=n_{pc}+1}^{n_{max}} \frac{4(6-D)ND(\pi^{0.5}E'G^{D-1}\gamma^{nD})^4}{3(3-D)^2} \left(\frac{40}{33k_\mu \sigma_s} \right)^3 a_{\mu nl}^{0.5D} a_{\mu nec}^{1.5-0.5D} \tag{6-107}$$

在该尺度级数范围内，考虑摩擦因素影响的情况下，结合面卸载过程中发生第一弹塑性变形部分的法向接触载荷为：

$$
\begin{aligned}
F_{\mu rep1,4}^{u} &= \sum_{n=n_{pc}+1}^{n_{max}} \int_{0}^{a_{\mu nepc}} D_{\mu nep1}^{4} C_{ep1} f_{\mu nep1}^{u} n_{n}^{u}(a_{\mu n}^{u}) da_{\mu n}^{u} \\
&= \sum_{n=n_{pc}+1}^{n_{max}} \left\{ \frac{0.376 \times 7.119\,7^{-1.5}(7.119\,7^{2.754\,4-0.5D}-1)KHND}{(2.754\,4-0.5D)[1.5\,(a_{\mu nl}/a_{\mu nec})^{0.086\,9}-0.5D]} \times \right. \\
&\quad \left. [1.5\,(a_{\mu nl}/a_{\mu nec})^{0.086\,9}-0.5D+1.5]a_{\mu nec}^{1-0.5D}a_{\mu nl}^{0.5D} \right\}
\end{aligned}
\tag{6-108}
$$

在该尺度级数范围内，考虑摩擦因素影响的情况下，结合面卸载过程中发生第二弹塑性变形部分的法向接触载荷为：

$$
\begin{aligned}
F_{\mu rep2,4}^{u} &= \sum_{n=n_{pc}+1}^{n_{max}} \int_{0}^{a_{\mu npc}} D_{\mu nep2}^{4} C_{ep2} f_{\mu nep2}^{u} n_{n}^{u}(a_{\mu n}^{u}) da_{\mu n}^{u} \\
&= \sum_{n=n_{pc}+1}^{n_{max}} \frac{0.499\,7KHND(205.382\,7^{1.146-0.5D}-7.119\,1^{1.146-0.5D})a_{\mu nl}^{0.5D}}{1.102\,1-0.5D}
\end{aligned}
\tag{6-109}
$$

考虑摩擦因素影响的情况下结合面卸载过程中总的法向接触刚度 $K_{\mu r4}^{u}$ 为：$K_{\mu r4}^{u}=K_{\mu re,4}^{u}+K_{\mu rep1,4}^{u}+K_{\mu rep2,4}^{u}$。其中，结合面卸载过程发生弹性变形部分的法向接触刚度 $K_{\mu re,4}^{u}$ 为：

$$
K_{\mu re,4}^{u} = \sum_{n=n_{pc}+1}^{n_{max}} \int_{0}^{a_{\mu nec}} k_{\mu ne}^{u} n_{ne}^{u}(a_{\mu n}^{u}) da_{\mu n}^{u} = \sum_{n=n_{pc}+1}^{n_{max}} \frac{2\pi^{-0.5}}{3+D} E'ND \left(\frac{33k_{\mu}\sigma_{s}}{40\pi^{0.5}E'G^{D-1}\gamma^{nD}} \right)^{3+D}
\tag{6-110}
$$

结合面卸载过程发生第一、第二弹塑性变形部分的法向接触刚度分别为：

$$
\begin{aligned}
K_{\mu rep1,4}^{u} &= \sum_{n=n_{pc}+1}^{n_{max}} \int_{0}^{a_{\mu nepc}} k_{\mu nep1}^{u} n_{nep1}^{u}(a_{\mu n}^{u}) da_{\mu n}^{u} \\
&= \frac{0.301\,(k_{\mu}\sigma_{s})^{1.965\,6}(D-2)(1-7.119\,7^{1.136-0.5D})ND}{\pi^{1.482\,8}E'^{0.965\,6}(1.136-0.5D)(1-7.119\,7^{1-0.5D})(0.5D+0.482\,8)} \times \\
&\quad \sum_{n=n_{pc}+1}^{n_{max}} \frac{\left[1+1.275\,\left(\dfrac{E'}{\sigma_{s}}\right)^{-0.216}\left(\dfrac{a_{\mu nl}}{a_{\mu nec}}-1\right)\right]^{1.965\,6} a_{\mu nl}^{-0.5D}}{(G^{D-1}\gamma^{nD})^{1.965\,6}(7.119\,7a_{\mu nec})^{0.482\,8+0.5D}}
\end{aligned}
\tag{6-111}
$$

$$
\begin{aligned}
K_{\mu rep2,4}^{u} &= \sum_{n=n_{pc}+1}^{n_{max}} \int_{0}^{a_{\mu npc}} k_{\mu nep2}^{u} n_{nep2}^{u}(a_{\mu n}^{u}) da_{\mu n}^{u} \\
&= \frac{0.85ND(205.382\,7)^{-0.5D-0.301\,4}}{-(0.5D+0.301\,4)\pi^{1.301\,4}E'^{0.602\,8}} \left[1+1.275\,\left(\frac{E'}{\sigma_{s}}\right)^{-0.216}\right]^{1.602\,8} \times \\
&\quad \sum_{n=n_{pc}+1}^{n_{max}} \left\{ a_{\mu nl}^{0.5D} a_{\mu nec}^{-0.5D-0.301\,4} \cdot \left[\frac{(a_{\mu nl}/a_{\mu nec}-1)k_{\mu}\sigma_{s}}{G^{D-1}\gamma^{nD}}\right]^{1.602\,8} \right\}
\end{aligned}
\tag{6-112}
$$

同样分别对结合面卸载过程总的实际接触面积、总接触载荷、总接触刚度多尺度分形理论模型进行无量纲化处理，得到 $A_{\mu r}^{u}{}^{*}$，$F_{\mu r}^{u}{}^{*}$，$K_{\mu r}^{u}{}^{*}$。

6.3 考虑摩擦因素影响的结合面多尺度接触分形模型仿真分析

6.3.1 考虑摩擦因素的结合面加载过程多尺度分形模型分析

为更进一步分析本章建立的结合面接触分形理论模型，等效结合面参数取表 6-1 所示数值进行仿真分析,根据式(3-52)、式(3-53)、式(3-54)以及表 6-1 可得弹性变形、第一弹塑性变形、第二弹塑性变形临界尺度级数分别如表 6-2、表 6-3 所示。

表 6-1　等效结合面参数

参数	值
等效弹性模量 E'	2×10^{11} N/m²
结合面初始硬度 H	6.58×10^8 N/m²
长度尺度参数 G	2.5×10^{-11} m
分形维数 D	$1.2<D<2$
泊松比 υ	0.3

表 6-2　微凸体临界尺度级数值(一)

($G=2.5\times10^{-11}$ m)	n_{ec}	n_{epc}	n_{pc}
$D=1.3$	6	21	44
$D=1.4$	19	30	48
$D=1.5$	27	36	51
$D=1.6$	33	40	52
$D=1.7$	37	43	53
$D=1.8$	40	45	54
$D=1.9$	42	47	55

表 6-3　微凸体临界尺度级数值(二)

($D=1.5$)	n_{ec}	n_{epc}	n_{pc}
$G=2.5\times10^{-13}$ m	39	48	62
$G=2.5\times10^{-12}$ m	33	42	56
$G=2.5\times10^{-10}$ m	22	31	45
$G=2.5\times10^{-9}$ m	16	25	39
$G=2.5\times10^{-8}$ m	10	19	34

(1) 对单个微凸体的分析

取分形维数 $D=1.5$,对多尺度微凸体加载过程第一弹塑性变形阶段考虑摩擦因素与不考虑摩擦因素的模型分别进行分析并对比,可以得出两种情况下微凸体对应的接触载荷-接触面积关系曲线,如图 6-1 所示。可见,考虑摩擦因素时的接触载荷-接触面积关系曲线同不考虑摩擦因素时的相应的关系曲线变化趋势基本一致,也说明了考虑摩擦因素时的单个微凸体加载过程接触载荷理论模型的合理性。当单个微凸体在第一弹塑性变形阶段接触面积一定时,考虑摩擦因素时的接触载荷大于不考虑摩擦因素时的接触载荷,且差值随接触面积的增大而呈增大的趋势。

图 6-2 所示为加载过程单个微凸体发生第一弹塑性变形阶段时,摩擦系数对接触载荷-接触面积关系曲线的影响情况。由图 6-2 可见,当摩擦系数 $\mu\leqslant0.3$ 时,对接触载荷-接触面

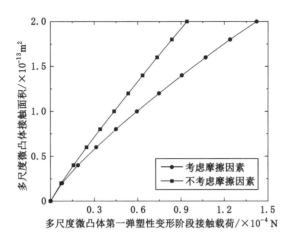

图 6-1　考虑与不考虑摩擦因素时单个微凸体第一弹塑性变形阶段接触载荷-接触面积对比图

积关系曲线的影响较小,而当摩擦系数 $\mu>0.3$ 时,对接触载荷-接触面积关系曲线的影响较为明显,且随着摩擦因素值的增大影响程度增大。当单个微凸体接触面积为 1.0×10^{-11} m^2,摩擦系数取 0.3 和 0.1 时,单个微凸体发生第一弹塑性变形阶段的接触载荷差值 $\Delta1$ 为 0.002 95N,摩擦系数取 0.5 和 0.3 时微凸体接触载荷差值 $\Delta2$ 为 0.021 37 N,摩擦系数取 0.7 和 0.5 时微凸体接触载荷差值 $\Delta3$ 为 0.025 13N,摩擦系数取 0.9 和 0.7 时微凸体接触载荷差值 $\Delta4$ 为 0.029 52 N。

当 $n=34$,分形维数取 $D=1.5$ 和 $D=1.6$ 时,单个微凸体均处于第一弹塑性变形状态,对两种分形维数时单个微凸体在考虑摩擦因素影响情况下的法向接触载荷进行分析可得如图 6-3 所示关系曲线。根据分析结果可见,分形维数对单个微凸体法向接触载荷与接触面积之间的关系有较大影响,接触面积一定时,分形维数 D 越大,对应的法向接触载荷越小。随着下压量增大,接触面积逐渐增大,分形维数对接触载荷-接触面积关系曲线的影响也越来越显著,这与不考虑摩擦因素影响情况下的变化趋势是一致的。

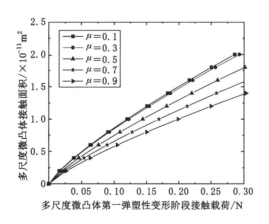

图 6-2　摩擦因素对多尺度微凸体接触载荷-接触面积关系曲线的影响

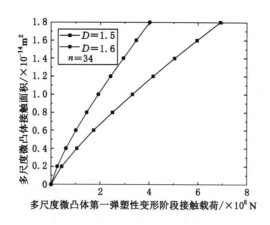

图 6-3　分形维数对单个微凸体接触载荷-接触面积关系曲线的影响

图 6-4 所示为考虑摩擦因素影响情况下长度尺度参数对单个微凸体法向接触载荷-接触面积关系曲线的影响程度,其中图 6-4(a)为 $n=30$,长度尺度参数分别取 $G=2.5\times10^{-11}$ m、$G=2.5\times10^{-10}$ m 时微凸体的接触载荷-接触面积关系曲线,此时微凸体处于第一弹塑性变形状态。相应地,图 6-4(b)为 $n=34$,长度尺度参数分别取 $G=2.5\times10^{-11}$ m,$G=2.5\times10^{-12}$ m 时微凸体接触载荷-接触面积关系曲线,此时微凸体同样处于第一弹塑性变形阶段。根据图 6-4 所示,当接触面积一定时,长度尺度参数 G 越大,对应的法向接触载荷越大。随着下压量增大,接触面积逐渐增大,G 对接触载荷-接触面积关系曲线的影响也越来越显著,这与不考虑摩擦因素影响情况下的变化趋势一致。另外,根据图 6-4(a)和图 6-4(b)作对比,可见微凸体尺度级数 n 对接触载荷-接触面积关系曲线也有影响,当接触面积、分形维数 D 和长度尺度参数 G 一定时,尺度级数 n 越大,法向接触载荷越大,且随着下压量的增大,影响越明显。

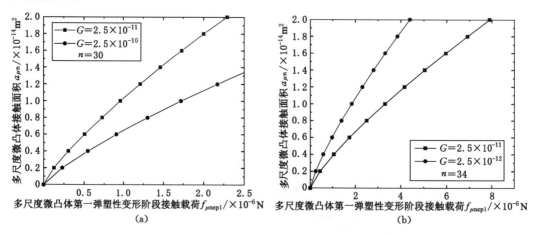

图 6-4　长度尺度参数对多尺度微凸体接触载荷-接触面积关系曲线的影响

如图 6-5 所示为 $n=40$ 时考虑摩擦因素与不考虑摩擦因素时单个微凸体第二弹塑性变形阶段接触载荷-接触面积的对比图。根据分析可见,当单个微凸体接触面积为 4.4117×10^{-13} m²,对应的法向接触载荷为 2.858×10^{-4} N,两条曲线出现交点,即当单个微凸体接触

面积小于 $4.411\,7\times10^{-13}$ m^2 时,考虑摩擦因素对应的法向接触载荷大于不考虑摩擦因素对应的法向接触载荷,两者之间最大的差值出现在微凸体接触面积为 2×10^{-13} m^2 时。当单个微凸体接触面积大于 $4.411\,7\times10^{-13}$ m^2 时,考虑摩擦因素对应的法向接触载荷小于不考虑摩擦因素对应的法向接触载荷,且随着接触面积逐渐增大,法向接触载荷之间的差值逐渐增大。由此可见单个微凸体处于第二弹塑性变形阶段时,考虑摩擦因素与不考虑摩擦因素的法向接触载荷-接触面积曲线存在一个交点,微凸体接触面积大于该交点时,考虑摩擦因素时微凸体法向接触载荷值小于不考虑摩擦因素时的值,而当微凸体接触面积小于该交点时,大小关系相反。

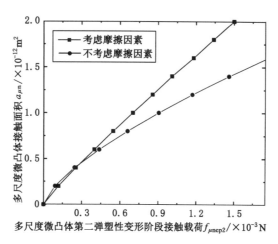

图 6-5　考虑与不考虑摩擦因素时微凸体第二弹塑性变形阶段接触载荷-接触面积对比图

如图 6-6(a)所示为加载过程单个微凸体发生第二弹塑性变形阶段时,摩擦系数对其接触载荷-接触面积关系曲线的影响情况[图 6-6(b)为图 6-6(a)的局部放大图]。由图可见,同第一弹塑性变形阶段一致,当摩擦系数 $\mu\leqslant0.3$ 时,对接触载荷-接触面积关系曲线的影响较小,而当摩擦系数 $\mu>0.3$ 时,对接触载荷-接触面积关系曲线的影响较为明显。当单个微凸体接触面积为 1.0×10^{-11} m^2,摩擦系数取 0.3 和 0.1 时,单个微凸体发生第二弹塑性变形阶段的接触载荷差值 $\Delta1$ 为 0.000 05 N,摩擦系数取 0.5 和 0.3 时微凸体接触载荷差值 $\Delta2$ 为 0.000 29 N,摩擦系数取 0.7 和 0.5 时微凸体接触载荷差值 $\Delta3$ 为 0.000 3 N,摩擦系数取 0.9 和 0.7 时微凸体接触载荷差值 $\Delta4$ 为 0.000 31 N;当单个微凸体接触面积为 2.0×10^{-11} m^2,摩擦系数取 0.3 和 0.1 时,对应的接触载荷差值 $\Delta1$ 为 0.000 09 N,摩擦系数取 0.5 和 0.3 时 $\Delta2$ 为 0.000 62 N,摩擦系数取 0.7 和 0.5 时 $\Delta3$ 为 0.000 65 N,摩擦系数取 0.9 和 0.7 时微凸体接触载荷差值 $\Delta4$ 为 0.000 66 N,可见与第一弹塑性变形阶段不同的是,微凸体处于第二弹塑性变形阶段时,随着摩擦系数的变化,接触载荷差值变化较小。

当分形维数取 1.5,微凸体尺度级数取 44,$G=2.5\times10^{-11}$ m 和 $G=2.5\times10^{-10}$ m 时微凸体均处于第二弹塑性变形阶段,同样地当微凸体尺度级数取 46,$G=2.5\times10^{-11}$ m 和 $G=2.5\times10^{-12}$ m 时微凸体也都处于第二弹塑性变形阶段。图 6-7 所示为第二弹塑性变形阶段考虑摩擦因素影响情况下长度尺度参数对单个微凸体法向接触载荷-接触面积关系曲线的影响程度。根据图 6-7 所示,当接触面积一定时,长度尺度参数 G 越大,对应的法向接触载荷越大。随着下压量增大,接触面积逐渐增大,长度尺度参数对接触载荷-接触面积关系曲

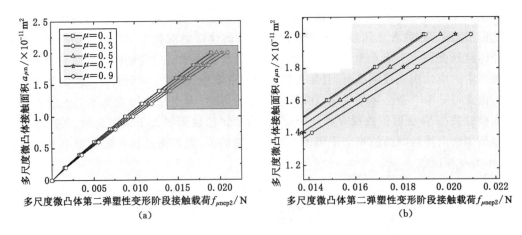

图 6-6　摩擦因素对微凸体第二弹塑性变形阶段接触载荷-接触面积关系曲线的影响

线的影响也越来越显著,这与不考虑摩擦因素影响情况下的变化趋势一致。另外,根据图 6-7(a)和图 6-7(b)作对比,可见微凸体尺度级数 n 对接触载荷-接触面积关系曲线也有影响,当接触面积、分形维数 D 和长度尺度参数 G 一定时,尺度级数 n 越大,法向接触载荷越大,这与考虑摩擦因素影响情况下微凸体第一弹塑性变形阶段的变化趋势一致。

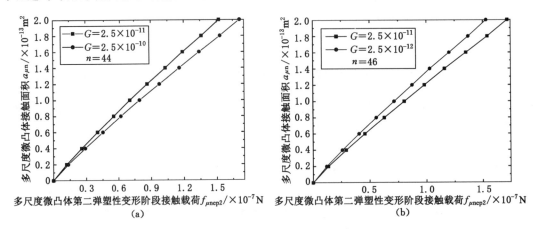

图 6-7　长度尺度参数对微凸体第二弹塑性变形阶段接触载荷-接触面积关系曲线的影响

图 6-8 所示为尺度级数 $n=46$,分形维数 D 分别取 1.4、1.5、1.6、1.7、1.8 时单个微凸体在考虑摩擦因素影响情况下的接触载荷-接触面积关系曲线,此时微凸体均处于第二弹塑性变形阶段。由图 6-8 可见,当微凸体接触面积一定时,法向接触载荷受分形维数 D 的影响,分形维数依次按 1.4、1.5、1.6、1.7、1.8 的顺序变化,微凸体法向接触载荷逐渐减小,且随着下压量的增大,接触载荷间的差值呈增大的趋势。

图 6-9 所示为考虑摩擦因素与不考虑摩擦因素时单个微凸体第一弹塑性变形阶段接触刚度-接触面积对比曲线,两种情况下微凸体接触刚度-接触面积曲线变化趋势一致。由图 6-9 可见,单个微凸体接触面积为 2.0×10^{-13} m^2 时接触刚度-接触面积曲线出现拐点,接触面积大于 2.0×10^{-13} m^2 时法向接触刚度-接触面积之间的变化趋势逐渐变缓。当接触面积一定时,考虑摩擦因素影响情况下的微凸体法向接触刚度大于不考虑摩擦因素影响时的法

向接触刚度。图 6-10 所示为微凸体在第一弹塑性变形阶段摩擦因素对接触刚度-接触面积关系曲线的影响情况。分别取摩擦系数 μ 为 0.1、0.2、0.3、0.5、0.7、0.9，分析前面建立的分形理论模型可见，当摩擦系数 $\mu \leqslant 0.3$ 时，对接触刚度-接触面积关系曲线的影响较小，而当摩擦系数 $\mu > 0.3$ 时，对接触刚度-接触面积关系曲线的影响较为明显，且随着摩擦系数值的增大影响程度增大。当单个微凸体接触面积为 2.0×10^{-13} m²，摩擦系数取 0.1 和 0.2 时微凸体接触刚度差值 $\Delta 1$ 为 1 963.8 N/m，摩擦系数取 0.2 和 0.3 时微凸体接触载荷差值 $\Delta 2$ 为 2 035.8 N/m，摩擦系数取 0.5 和 0.3 时微凸体接触载荷差值 $\Delta 3$ 为 28 999.7 N/m，摩擦系数取 0.7 和 0.5 时微凸体接触载荷差值 $\Delta 4$ 为 31 4100.7 N/m，摩擦系数取 0.9 和 0.7 时微凸体接触载荷差值 $\Delta 5$ 为 40 048.8 N/m。

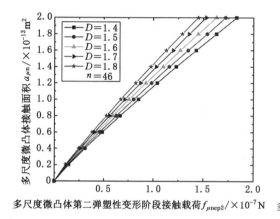

图 6-8　分形维数对微凸体接触载荷-接触面积
关系曲线的影响

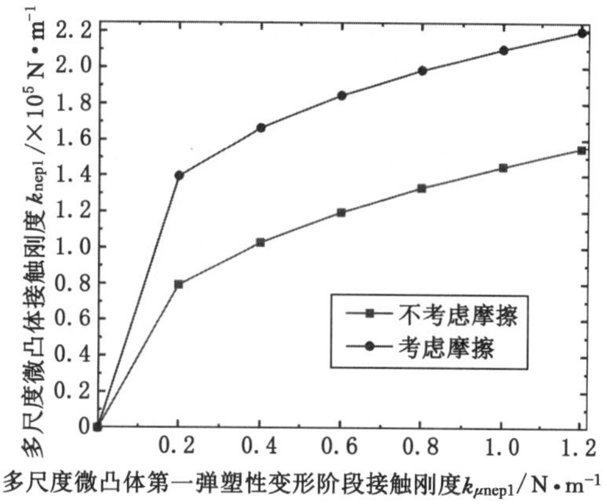

图 6-9　考虑与不考虑摩擦因素时微凸体第一
弹塑性变形阶段接触刚度-接触面积对比图

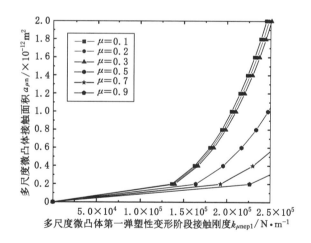

图 6-10　摩擦因素对单个微凸体第一弹塑性变形阶段接触刚度-接触面积关系曲线的影响

图 6-11 所示为考虑摩擦因素与不考虑摩擦因素时单个微凸体第二弹塑性变形阶段接触刚度-接触面积对比曲线，两种情况下的接触刚度-接触面积关系曲线形式有所区别且变化趋势不同于微凸体处于第一弹塑性变形阶段时。两种情况下接触刚度-接触面积关系曲线在接触面积为 $0.664\ 4 \times 10^{-12}$ m² 时出现交点，此时对应的法向接触刚度为 3.4912×10^{6}

N/m。当微凸体接触面积从 0 逐渐增大到 0.664 4×10⁻¹² m² 时,考虑摩擦因素时的接触刚度小于不考虑摩擦因素时的接触刚度,且两种情况下的接触刚度差值呈先增大后减小的形式,最大的差值出现在接触面积为 0.1×10⁻¹² m² 时,对应的最大接触刚度差为 1.287×10⁶ N/m。当微凸体面积大于 0.664 4×10⁻¹² m² 时,考虑摩擦因素时的接触刚度开始大于不考虑摩擦因素时的接触刚度,且差值逐渐增大。

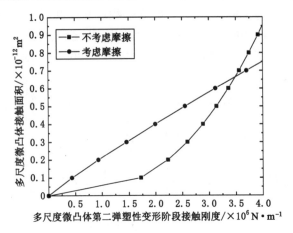

图 6-11　考虑与不考虑摩擦因素时单个微凸体第二弹塑性变形阶段接触刚度-接触面积对比图

　　图 6-12 所示为单个微凸体第二弹塑性变形阶段摩擦系数对接触刚度-接触面积关系曲线的影响情况,为了和第一弹塑性变形阶段结果做对比,同样分别取摩擦系数 μ 为 0.1、0.2、0.3、0.5、0.7、0.9。分析图 6-12 可见,当摩擦系数 $\mu \leqslant 0.3$ 时,接触刚度-接触面积关系曲线受摩擦系数的影响但相对较小,而当摩擦系数 $\mu > 0.3$ 时,接触刚度-接触面积关系曲线受摩擦系数的影响较为明显,且随着摩擦系数值的增大影响程度增大,这与第一弹塑性变形阶段的变化趋势是一致的。图 6-12(b) 为图 6-12(a) 中标出部分的放大图,可见摩擦系数 μ 大于 0.3 与小于 0.3 时对微凸体接触刚度-接触面积关系曲线的影响程度有明显的差距,且当摩擦系数大于 0.3 时对微凸体接触刚度-接触面积关系曲线的影响特别大。

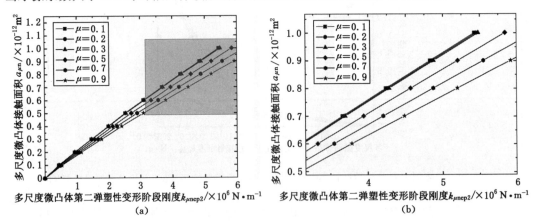

图 6-12　摩擦因素对单个微凸体第二弹塑性变形阶段接触刚度-接触面积关系曲线的影响

　　将第 4 章和第 6 章建立的多尺度微凸体接触载荷理论模型与第 3 章有限元分析结果对比,如表 6-4 所示。根据表 6-4,第 4 章建立的理论模型结果与有限元分析结果差值在 0.33%～45.14% 之间,在对比的 20 组数据中,有 2 组数据的差值在 20% 以上(加粗标出部分),分别为 26.2% 和 45.14%,均处于临界变形量附近。第 6 章建立的理论模型结果与有限元分析结果差值为 0.09%～47.5% 之间,在 20 组数据中,有 6 组数据差值在 20% 以上(加粗标出部分),且基本处于第一弹塑性临界变形量与弹性临界变形量之间,因为有限元分析对弹塑性变形以及摩擦因素设置的局限性,认为出现以上误差是合理的[124]。总体而言,第 4 章建立的多尺度微凸体接触载荷理论模型与有限元分析结果更为接近。对比第 3 章建立的不考虑摩擦因素及接触表面硬度变化的微凸体接触特性理论模型,显然第 4 章和第 6 章建立的多尺度微凸体接触特性理论模型与实际情况更相符。

表 6-4　单个微凸体加载过程法向接触载荷有限元分析和理论结果对比

变形形式	变形量/m	单个微凸体法向接触载荷/N				
		有限元分析加载	第 4 章理论模型加载过程	差值/%	第 6 章理论模型加载过程	差值/%
第一弹塑性变形	3.0×10^{-10}	8.1927×10^{-7}	1.1891×10^{-6}	**45.14**	6.4338×10^{-7}	**21.41**
	5.0×10^{-10}	1.8149×10^{-6}	2.0956×10^{-6}	15.47	9.5268×10^{-7}	**47.50**
	8.0×10^{-10}	3.5413×10^{-6}	3.5296×10^{-6}	0.33	2.1769×10^{-6}	**38.53**
	1.0×10^{-9}	4.861×10^{-6}	4.5209×10^{-6}	6.99	3.5571×10^{-6}	**26.82**
	1.2×10^{-9}	6.2329×10^{-6}	5.5343×10^{-6}	11.20	4.9572×10^{-6}	**20.47**
第二弹塑性变形	1.5×10^{-9}	8.406×10^{-6}	1.0610×10^{-5}	**26.20**	1.0429×10^{-5}	**24.07**
	2.0×10^{-9}	1.2255×10^{-5}	1.4549×10^{-5}	18.70	1.4319×10^{-5}	16.84
	3.33×10^{-9}	2.22×10^{-5}	2.5461×10^{-5}	14.70	2.5116×10^{-5}	13.13
	6.67×10^{-9}	5.1851×10^{-5}	5.4579×10^{-5}	5.26	5.4005×10^{-5}	4.15
	1.0×10^{-8}	8.4458×10^{-5}	8.5129×10^{-5}	0.79	8.4384×10^{-5}	0.09
	1.2×10^{-8}	1.0694×10^{-4}	1.0399×10^{-4}	2.76	1.0316×10^{-4}	3.53
	1.4×10^{-8}	1.274×10^{-4}	1.2316×10^{-4}	3.33	1.2227×10^{-4}	4.03
	1.7×10^{-8}	1.578×10^{-4}	1.5442×10^{-4}	2.14	1.5144×10^{-4}	4.03
	2.0×10^{-8}	1.8896×10^{-4}	1.8218×10^{-4}	4.09	1.8115×10^{-4}	4.64
	2.4×10^{-8}	2.3245×10^{-4}	2.2255×10^{-4}	4.26	2.2146×10^{-4}	4.73
	2.8×10^{-8}	2.7399×10^{-4}	2.6358×10^{-4}	3.80	2.6247×10^{-4}	4.20
	3.4×10^{-8}	3.3314×10^{-4}	3.2619×10^{-4}	2.08	3.2509×10^{-4}	2.42
完全塑性变形	4.0×10^{-8}	3.9552×10^{-4}	3.8989×10^{-4}	1.42	3.8875×10^{-4}	1.71
	4.8×10^{-8}	4.8006×10^{-4}	4.7627×10^{-4}	0.79	4.574×10^{-4}	4.72
	5.6×10^{-8}	5.5862×10^{-4}	5.6408×10^{-4}	5.46	5.6343×10^{-4}	0.86

　　(2) 对整个结合面的分析

　　当微凸体尺度级数小于第一弹塑性临界尺度级数时,结合面只发生弹性变形和第一弹塑性变形,分析本章建立的结合面第一弹塑性变形阶段的法向接触载荷分形理论模型并与

第 4 章建立的理论模型进行对比,得出图 6-13 所示关系对比图。可见,本章建立的第一弹塑性变形阶段法向接触载荷分形理论模型与第 4 章建立的模型 F_{r2}^*-A_{r2}^* 变形趋势一致,且相差不大。当结合面接触面积一定时,本章建立的法向接触载荷理论模型值小于第 4 章建立的对应理论模型值。

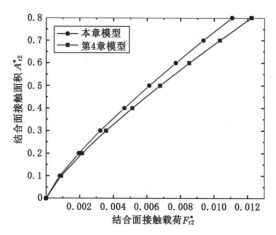

图 6-13　尺度级数小于第一弹塑性临界值时的 F_{r2}^*-A_{r2}^* 关系

根据本章建立的结合面第一弹塑性变形阶段法向接触载荷分形理论模型可得分形维数 D 对 F_{r2}^*-A_{r2}^* 关系曲线的影响情况较明显,如图 6-14 所示,结合面接触面积一定时,结合面接触载荷随着分形维数 D 的增大而减小。分别取长度尺度参数 G 为 2.5×10^{-9} m、2.5×10^{-10} m、2.5×10^{-11} m 进行对比,亦可得到长度尺度参数 G 对 F_{r2}^*-A_{r2}^* 关系曲线的影响同样较大,如图 6-15 所示,可见当结合面接触面积一定时,结合面法向接触载荷与 G 有关,且随着 G 的增大而增大。

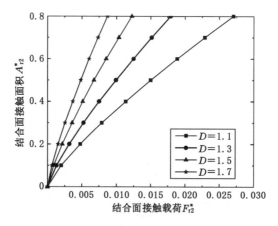

图 6-14　F_{r2}^*-A_{r2}^* 曲线与分形维数 D 的关系

当微凸体尺度级数小于完全塑性临界尺度级数时,结合面可发生弹性变形、第一弹塑性变形以及第二弹塑性变形,分析本章建立的结合面第一、第二弹塑性变形阶段的法向接触载荷分形理论模型并与第 4 章建立的理论模型进行对比,得出图 6-16 所示 F_{r3}^*-A_{r3}^* 关系对比图。可见,本章建立的法向接触载荷分形理论模型与第 4 章建立的模型 F_{r3}^*-A_{r3}^* 变形趋势相

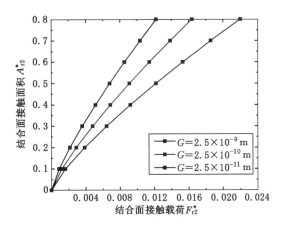

图 6-15 F_{r2}^*-A_{r2}^* 曲线与长度尺度参数 G 的关系

近,当结合面接触面积小于一临界值时,本章建立的法向接触载荷理论模型值小于第 4 章建立的对应理论模型值,但随着变形量增大,当结合面接触面积大于该临界值时,本章建立的法向接触载荷理论模型值则大于第 4 章建立的对应理论模型值,且差值呈增大的趋势。根据本章建立的结合面法向接触载荷分形理论模型可得分形维数 D 对 F_{r3}^*-A_{r3}^* 关系曲线的影响较大,如图 6-17 所示,分别取分形维数 D 为 1.3、1.5、1.7,三种情况下的 F_{r3}^*-A_{r3}^* 曲线变化趋势一致但差值较大,结合面接触面积一定时,结合面接触载荷随着分形维数 D 的增大而减小。

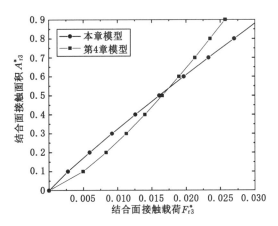

图 6-16 尺度级数小于完全塑性临界值时的 F_{r3}^*-A_{r3}^* 关系

考虑摩擦因素情况下,结合面发生弹性变形和第一弹塑性变形阶段时法向接触载荷与接触刚度之间的关系 F_{r2}^*-K_{r2}^*($D=1.5$)如图 6-18 所示。分别取 D 为 1.1、1.2、1.3,得到三条 F_{r2}^*-K_{r2}^* 曲线,如图 6-19 所示,可见结合面法向接触载荷-接触刚度之间的关系受分形维数的影响较大,法向接触载荷一定时,随着分形维数的增大,接触刚度增大。根据本章建立法向接触刚度分形理论模型可知,F_{r2}^*-K_{r2}^* 与结合面摩擦系数 μ 有关,图 6-20 所示为摩擦系数 μ 分别取 0.1、0.3、0.4、0.5、0.7 时的 F_{r2}^*-K_{r2}^* 曲线,可见当结合面摩擦系数 $0<\mu\leqslant0.3$ 时,摩擦系数对 F_{r2}^*-K_{r2}^* 有一定影响,而当 $0.3<\mu\leqslant0.9$ 时对 F_{r2}^*-K_{r2}^* 的影响较为明显,且随

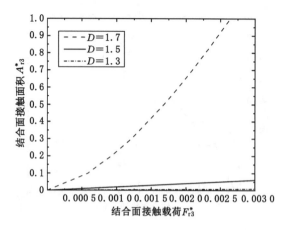

图 6-17 F_{r3}^*-A_{r3}^* 曲线与分形维数 D 的关系

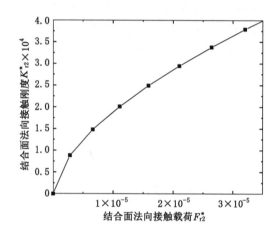

图 6-18 F_{r2}^*-K_{r2}^* 关系曲线($D=1.5$)

着摩擦系数的增大,对应的结合面总接触刚度减小。同样的,结合面发生弹性变形、第一弹塑性变形以及第二弹塑性变形时法向接触载荷与接触刚度之间关系 F_{r3}^*-K_{r3}^* 受摩擦系数 μ 的影响情况如图 6-21 所示,当结合面摩擦系数 $0<\mu\leqslant0.3$ 时,摩擦系数对 F_{r3}^*-K_{r3}^* 的影响不大,而当 $0.3<\mu\leqslant0.9$ 时摩擦系数对 F_{r3}^*-K_{r3}^* 的影响较为明显,且随着摩擦系数的增大,对应的结合面总接触刚度亦呈减小的趋势。

6.3.2 考虑摩擦因素的结合面卸载过程多尺度分形模型分析

对单个微凸体卸载过程发生第一弹塑性变形阶段时的接触载荷-接触面积进行分析,当摩擦系数 μ 取 0.3,其余参数一致的情况下,不考虑硬度变化及摩擦因素影响时(第 3 章模型)、考虑硬度变化时(第 4 章模型)、考虑摩擦因素影响时(本章模型)三种情况下的接触载荷-接触面积关系曲线对比如图 6-22 所示。由图 6-22 可见,三种分形理论模型变化趋势一致,且第 4 章建立的模型与本章建立的模型差值非常小,但该差值与摩擦系数有关,当摩擦系数小于 0.3 时,两分形理论模型的差值均非常小,间接说明本章建立的单个微凸体卸载过程发生第一弹塑性变形时的法向接触载荷分形理论模型的正确性。

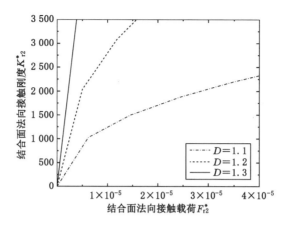

图 6-19 F_{r2}^*-K_{r2}^* 与分形维数 D 的关系

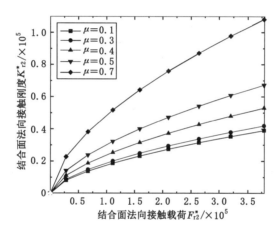

图 6-20 F_{r2}^*-K_{r2}^* 与摩擦系数 μ 的关系

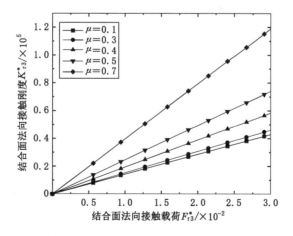

图 6-21 摩擦系数 μ 对 F_{r3}^*-K_{r3}^* 的影响

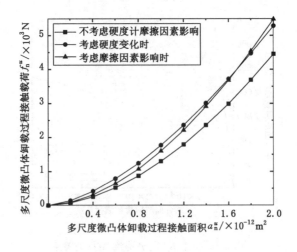

图 6-22　三种状态下卸载过程单个微凸体第一弹塑性变形阶段接触载荷与接触面积关系图对比

　　图 6-23 所示为考虑摩擦因素影响情况下,变形比 W 对单个微凸体卸载过程中发生第一弹塑性变形阶段时法向接触载荷-接触面积关系曲线的影响,当微凸体发生第一弹塑性变形时,变形比处于 $1\sim7.119\,7$ 之间,分别取变形比 W 为 3、5、7 时进行对比,可见当接触面积一定时,随着变形比的增大,单个微凸体法向接触载荷减小。对单个微凸体卸载过程第二弹塑性变形阶段的接触载荷-接触面积进行分析,摩擦系数 μ 取 0.3,考虑硬度变化时(第 4章建立的模型)与考虑摩擦因素影响时的接触载荷-接触面积关系曲线对比如图 6-24 所示。显然,两种单个微凸体法向接触载荷分形理论模型的变化趋势一致,差值非常小,随着摩擦系数的变化,差值会有所变化,但是当摩擦系数小于 0.3 时,两种分形理论模型之间的差值非常小,当摩擦系数大于 0.3 时,差值随摩擦系数的增大有所增大,但同样能说明本章建立的微凸体卸载过程接触载荷理论模型的合理性。

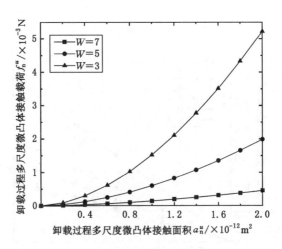

图 6-23　W 对微凸体第一弹塑性变形阶段接触载荷与接触面积关系
影响情况(考虑摩擦因素影响时)

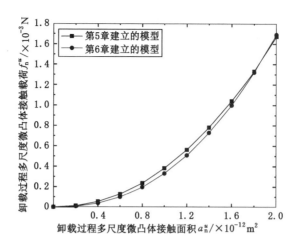

图 6-24 两种状态下卸载过程单个微凸体第二弹塑性变形阶段接触载荷与接触面积关系图对比

图 6-25 所示为考虑摩擦因素影响情况下,变形比 W 对单个微凸体卸载过程中发生第二弹塑性变形阶段时法向接触载荷-接触面积关系曲线的影响,当微凸体发生第二弹塑性变形时,变形比处于 7.119 7~205.382 7 之间,分别取变形比 W 为 50、75、100 时进行对比,可见当接触面积一定时,随着变形比的增大,单个微凸体法向接触载荷亦呈减小的趋势。

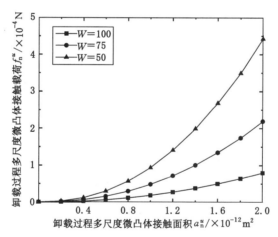

图 6-25 W 对微凸体第二弹塑性变形阶段接触载荷与接触面积关系
影响情况(考虑摩擦因素影响时)

图 6-26 所示为分形维数对加-卸载过程中结合面接触载荷与接触面积关系的影响曲线,可见加-卸载曲线只在起始点会有部分交集,其他阶段均未有重叠内容,这也说明结合面的弹性变形量在总的变形量中所占比重是很小的,结合面在变形过程中表现为非弹性变形。随着变形量增大,接触面积增大,弹塑性变形在总变形量中的比重增大。而在分形理论模型中,分形维数对结合面接触载荷和接触面积的关系有影响,相同接触面积情况下,随着分形维数的增大,接触载荷增大。图 6-27 所示为轮廓尺度参数对加-卸载过程中结合面接触载荷与接触面积关系的影响曲线,可见随着轮廓尺度参数的增大对结合面加-卸载过程的影响幅度增大,卸载真实面积与加载真实面积差值增大。通过图 6-26 和图 6-27 可以看出本文

所建立的分形模型仿真曲线与 Kadin 统计模型[10]以及文献[11]所建模型的计算结果趋势一致，从而验证了本文分形模型的可行性。

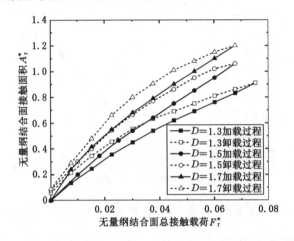

图 6-26　分形维数对加-卸载过程结合面接触载荷与接触面积关系的影响

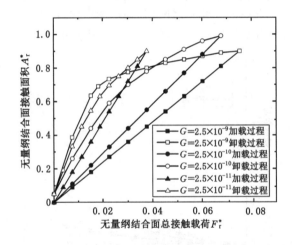

图 6-27　$D=1.5$ 时，轮廓尺度参数对加-卸载过程结合面接触载荷与接触面积关系的影响

6.4　本章小结

　　本章对考虑摩擦因素影响时加、卸载过程多尺度微凸体接触面积、法向接触载荷、接触刚度以及它们之间的关系进行研究，进而建立一种考虑摩擦因素影响的结合面加-卸载接触特性多尺度分形理论模型并进行仿真分析，得出如下结论：

　　（1）基于分形理论对考虑摩擦因素影响情况下多尺度微凸体加、卸载过程接触特性进行研究，得出各变形阶段的临界变形量，建立考虑摩擦因素影响的多尺度微凸体加、卸载过程法向接触载荷、接触刚度理论模型。通过对加、卸载过程多尺度微凸体考虑摩擦因素与不考虑摩擦因素两种不同情况下的接触特性作对比，得出加、卸载过程微凸体发生第一、第二弹塑性变形时，考虑摩擦因素时与不考虑摩擦因素时的接触载荷、接触刚度之间的关系。通过仿真分析分别研究了加-卸载过程中摩擦因素、分形维数、长度尺度参数对微凸体发生第一、第二弹塑性变形时的法向接触载荷、接触刚度的影响。进一步将本章建立的考虑摩擦因素影响的多尺度微凸体接触特性理论模型与第 3 章、第 4 章建立的对应理论模型进行了对比。

（2）依据结合面微凸体加、卸载过程的分布密度函数，引入卸载过程不同尺度级数范围内考虑摩擦因素影响的结合面各变形阶段接触载荷修正系数，分别建立考虑摩擦因素影响情况下结合面加、卸载过程法向接触载荷、接触刚度多尺度分形理论模型并进行仿真分析。根据建立的理论模型，结合面加-卸载过程实际接触面积、接触载荷与摩擦力修正因子 k_μ、屈服极限 σ_s、等效弹性模量 E'、轮廓参数 G、分形维数 D、粗糙表面频率参数 γ^n 有关，而结合面在卸载过程实际接触面积、接触载荷还与最大变形量及卸载后残余变形量有关。进一步对考虑摩擦因素影响的结合面加、卸载过程法向接触载荷、接触刚度多尺度分形理论模型与第 5 章建立的考虑接触表面硬度变化建立的相应理论模型进行了对比。

参 考 文 献

[1] GREENWOOD J A，WILLIAMSON J B P P. Contact of nominally flat surfaces[J]. Proceedings of the Royal Society A Mathematical Physical and Engineering Sciences，1966，295：300-319.

[2] J. A. Greenwood，J. H. Tripp.

[3] GREENWOOD J A，TRIPP J H. The elastic contact of rough spheres[J]. Journal of Applied Mechanics，1967，34(1)：153-159.

[4] The properties of random surfaces of significance in theircontact[J]. Proceedings of the Royal Society of London A Mathematical and Physical Sciences，1970，316(1524)：：97-121.

[5] CHANG W R，ETSION I，BOGY D B. An elastic-plastic model for the contact of rough surfaces[J]. Journal of Tribology，1987，109(2)：257-263.

[6] ZOLOTAREVSKIY V，KLIGERMAN Y，ETSION I. Elastic-plastic spherical contact under cyclic tangential loading in pre-sliding[J]. Wear，2011，270(11/12)：888-894.

[7] 李小彭，孙德华，梁友鉴，等. 弹塑形变的结合面法向刚度分形模型及仿真[J]. 中国工程机械学报，2015，13(3)：189-196.

[8] KOGUT L，JACKSON R L. A comparison of contact modeling utilizing statistical and fractal approaches[J]. Journal of Tribology，2006，128(1)：213-217.

[9] RAHMANI M，BLEICHER F. Experimental and analytical investigations on normal and angular stiffness of linear guides in manufacturing systems[J]. Procedia CIRP，2016，41：795-800.

[10] KADIN Y，KLIGERMAN Y，ETSION I. Unloading an elastic-plastic contact of rough surfaces[J]. Journal of the Mechanics and Physics of Solids，2006，54(12)：2652-2674.

[11] OVCHARENKO A，HALPERIN G，VERBERNE G，et al. In situ investigation of the contact area in elastic-plastic spherical contact during loading － unloading[J]. Tribology Letters，2007，25(2)：153-160.

7 结合面实验模态分析与理论模型验证

本书前面章节部分分别对考虑硬度变化以及考虑摩擦因素影响情况下的结合面法向接触载荷与法向接触刚度进行了研究,建立了相应的分形理论模型,本章以线轨滑台为实验对象,以所建模型计算线轨滑台结合面接触特性,并通过有限元分析和实验验证相结合的方式验证所建结合面接触特性分形理论模型的正确性。

7.1 线轨滑台的理论模态分析

本节分别将前面所建立的结合面法向接触刚度分形理论模型应用到 JNYOLRS250 系列型号为 LRS250×560 的线轨滑台结合面接触特性计算,进而对线轨滑台建立有限元模型进行模态分析。在此基础上,将与本章后面对线轨滑台的实验模态分析结果进行对比,从而验证前面所建立的考虑硬度变化、考虑摩擦因素的结合面法向接触刚度分形理论模型的正确性。

7.1.1 线轨滑台的有限元建模

通过阅读文献了解到在机床结合面接触特性的研究中较多是研究机床导轨运动副之间的结合面接触特性,而对于工作面、滑块与导轨之间的结合面的接触研究较少,但是该结合面对机床工作性能同样有着不可忽视的影响。本节内容选取 LRS250×560 线轨滑台工作面、滑块与导轨之间形成的结合面为研究对象,滑台工作面由四个滑块与两条导轨相连接,每个滑块和导轨之间均由 12 个滚珠呈单列接触,与导轨的上下内外沟槽的圆柱面之间形成结合面,4 列滚珠与两条导轨之间共计 96 个结合面。该结构及其具体尺寸如图 7-1 和表 7-1 所示。

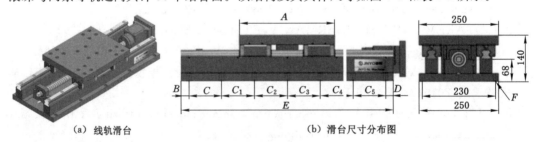

（a）线轨滑台　　　　　　　（b）滑台尺寸分布图

图 7-1　线轨滑台结构及其尺寸

表 7-1　线轨滑台结构相关尺寸　　　　　　　　　　　mm

型号	A	B	C	C1	C2	D	E	F	滚珠规格	轴径	行程
LRS250×420	300	30	120	120	120	30	420	8×ϕ14			120
LRS250×560	300	25	170	170	170	25	560	8×ϕ14	ϕ25×5	ϕ17	260
	420										140

首先对线轨滑台的结构进行详细分析,对其结构进行三维建模,为了提升后续有限元计算的效率,去除了结构中像倒角、小孔、圆角、连接滑台与滑块的螺纹等对线轨滑台动态特性影响很小的细节特征。另外,有限元分析模型建立时去掉了滚珠丝杠-滑台的连接,仅建立滑块-导轨的连接,是因为考虑本次分析主要是为了验证滑块-滚珠-导轨接触特性的理论计算结果对线轨滑台整体动态特性的影响。图 7-2 所示为工作台面和滑块的有限元模型,为了提升有限元分析的计算精度和效率,将工作台面和滑块模型进行了结构化网格划分,采用的网格均为六面体单元。单位类型为 Solid185,网格划分完成后共有 12 664 个六面体单元,64 231 个节点。

工作台面和滑块之间的结合面定义了接触对,工作台面和滑块之间的接触算法采用了多点约束算法(MPC)。为了更加真实地模拟滑块和轨道之间的接触关系,将滑块模型底面的节点和基体之间定义为弹簧(Spring)连接(96 个)属性,来模拟结合面之间的接触关系,弹簧联结可以通过设定弹簧的刚度、阻尼系数,弹簧的预载荷以及弹簧的属性(拉伸弹簧)来定义,对弹簧单元和基体之间的联结点进行了固定约束,即该节点的所有 DOF=0。图 7-3 所示为有限元分析中工作台面与滑块之间的接触设置以及滑块与导轨之间的弹簧连接设置[1]。本实验选取的相关参数如表 7-2 所示。

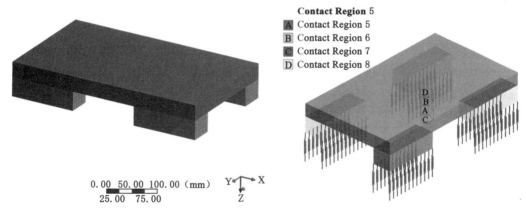

图 7-2 线轨滑台有限元分析网格划分   图 7-3 线轨滑台有限元分析接触设置

表 7-2 相关参数

参数	值
等效弹性模量 E'	$2.06\times10^{11}\,\mathrm{N/m^2}$
泊松比 υ	0.26
结合面初始硬度 H	$5.8\times10^{8}\,\mathrm{N/m^2}$
长度尺度参数 G	$3\times10^{-10}\,\mathrm{m}$
分形维数	1.9
密度	$7\,850\,\mathrm{kg/m^3}$

边界条件确定之后,利用 ANSYS 软件的 Workbench 平台来完成导轨平台和接触块的模态分析,对于滑台导轨在给定边界条件下的模态分析计算,采用 Workbench 中的 Modal 模块进行计算。在进行模态分析时,需要输入材料的一些相关参数,如材料的弹性模量、泊

松比以及材料的密度。为了描述滑块导轨之间结合面的接触特性,在结合面处将滑块与地面之间设置为弹簧连接。由于在模态分析中不允许有非零位移约束,因此在分析中需要导入整个滑台导轨的模型,如果采用对称边界条件,则会丢失一些模型的振型。求解模态的方程求解器有以下几种 Direct,Itreative、Unsymmetric、Supernode、Subspace。在求解中,由于该计算中不存在非线性等复杂的边界条件,因此求解器采用程序默认设置,为了避免在分析计算过程中出现极小的无用频率,模态的固有频率的范围设置为 $10\sim10\,000$ Hz,提取输出计算中的前 14 阶模态[2-3]。

7.1.2 基于有限元的线轨滑台模态分析

完成导轨工作台面和滑块之间的设定之后,可以对导轨工作台和滑块进行特定参数下的模态分析。从结构动力学角度来讲,结构的固有频率与刚度和阻尼有关,且固有频率随模型的刚度增大而增大,有阻尼固有频率随阻尼增大而减小。进行动力学分析时,固有频率基本不受接触阻尼的影响,而受接触刚度的影响非常大。根据第 4 和第 6 部分建立的理论模型,分别取摩擦系数 0.1、0.3、0.4 得出三组有限元分析的刚度参数如表 7-3 所示。

表 7-3 两种分形理论模型给出的不同参数

组别	(1)	(2)	(3)
给定参数	$A_r^*=0.076\,3$	$A_r^*=0.095\,6$	$A_r^*=0.1$
基于第三章理论模型的计算结果	$K_r=9.92\times10^6$	$K_r=9.98\times10^6$	$K_r=1.04\times10^7$
	$K_r^*=2.668$	$K_r^*=2.787\,7$	$K_r^*=2.905$
基于第四章理论模型的计算结果	$K_r=9.86\times10^6$	$K_r=9.91\times10^6$	$K_r=1.01\times10^7$
	$K_r^*=2.626$	$K_r^*=2.64$	$K_r^*=2.870\,5$

通过进行模态分析计算,可以获得线轨滑台的模态特性(振型与固有频率),这里分别取前 14 阶模态进行对比。分别用第 4 章理论模型给出的三组参数与第 6 章理论模型给出的三组参数进行有限元模态分析,分析结果如表 7-4 所示。分别取两种理论模型计算出的第二组数据进行对比,得出的两组线轨滑台前 14 阶固有频率差值(%)最大出现在一阶模态,为 -10.56%,最小差值(%)出现在第十二阶模态,仅为 -0.01%,两种模型得出的各阶模态增长趋势一致,且差值不大。图 7-4 和图 7-5 分别为用第 4 章和第 6 章理论模型给出的参数进行有限元模态分析得到的线轨滑台模态振型图,对比同阶振型图,振型相似度极高,说明两种理论模型具有一致性。

表 7-4 两种模型计算结果对应的线轨滑台前 14 阶模态频率对比

模态阶数	对比值/%	(考虑硬度变化的模型)理论模态固有频率/Hz			(考虑摩擦因素影响的模型)理论模态固有频率/Hz		
		(1)	(2)	(3)	(1)	(2)	(3)
Mode1	-10.56	1 056.3	1 139.0	1 149.1	1 012.3	1 018.7	1 142.3
Mode2	-2.48	1 327.6	1 352.9	1 388.1	1 301.0	1 319.4	1 367.1
Mode3	-1.37	1 476.3	1 534.9	1 596.3	1 409.2	1 514.1	1 557.3

表 7-4(续)

模态阶数	对比值/%	（考虑硬度变化的模型）理论模态固有频率/Hz			（考虑摩擦因素影响的模型）理论模态固有频率/Hz		
		（1）	（2）	（3）	（1）	（2）	（3）
Mode4	−2.49	1 803.9	1 888.4	1 896.9	1 762.8	1 842.5	1 893.4
Mode5	−3.28	2 112.0	2 368.6	2 419.2	2 079.6	2 293.3	2 406.9
Mode6	−0.72	2 427.7	2 434.1	2 566.4	2 338.5	2 416.5	2 472.3
Mode7	0.72	2 886.7	2 942.9	2 989.6	2 796.4	2 964.2	2 987.3
Mode8	−3.97	3 909.1	4 058.3	4 265.3	3 657.3	3 897.1	4 112.5
Mode9	−2.46	4 336.2	4 407.2	4 502.7	4 089.2	4 298.6	4 490.6
Mode10	−5.49	5 265.6	5 497.2	5 573.5	5 055.5	5 195.2	5 525.7
Mode11	−1.77	5 679.6	5 712.5	5 798.0	5 479.2	5 611.5	5 784.2
Mode12	−0.01	6 401.6	6 401.8	6 482.8	6 400.7	6 401.1	6 405.9
Mode13	−0.05	6 625.4	6 626.2	6 635.2	6 621.9	6 623.2	6 627.5
Mode14	3.02	6 923.6	7 082.0	7 117.8	6 891.7	7 295.9	7 106.1

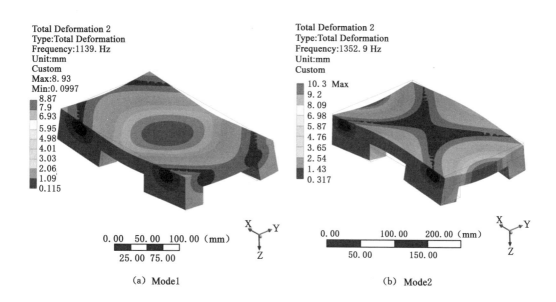

（a）Mode1　　　　　　　　　　　　（b）Mode2

图 7-4　用第 4 章理论模型给出的参数得到的线轨滑台有限元模态分析振型图

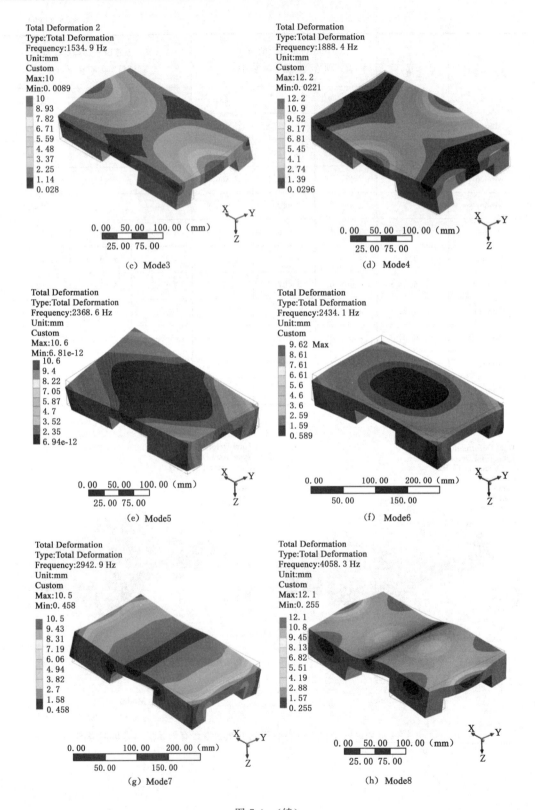

(c) Mode3

(d) Mode4

(e) Mode5

(f) Mode6

(g) Mode7

(h) Mode8

图 7-4 （续）

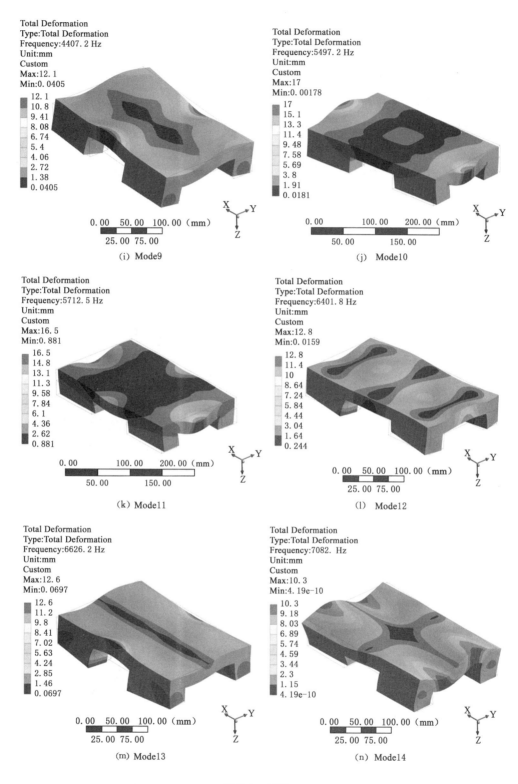

图 7-4　（续）

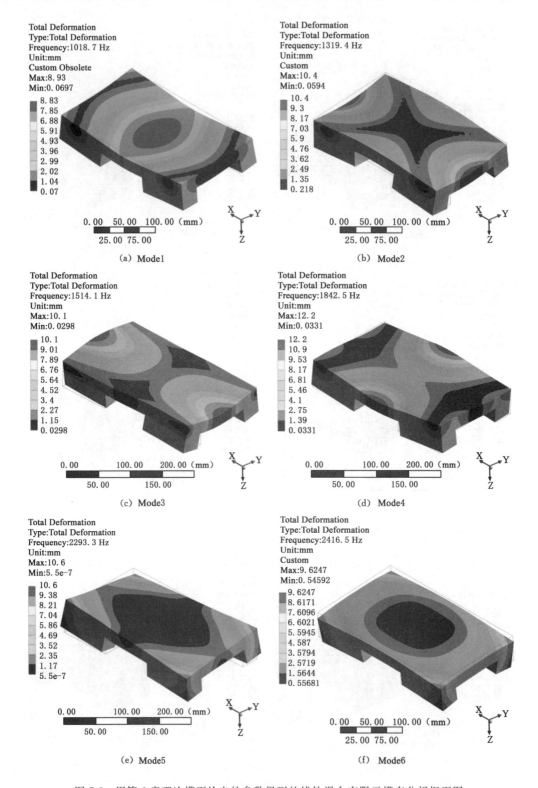

图 7-5　用第 6 章理论模型给出的参数得到的线轨滑台有限元模态分析振型图

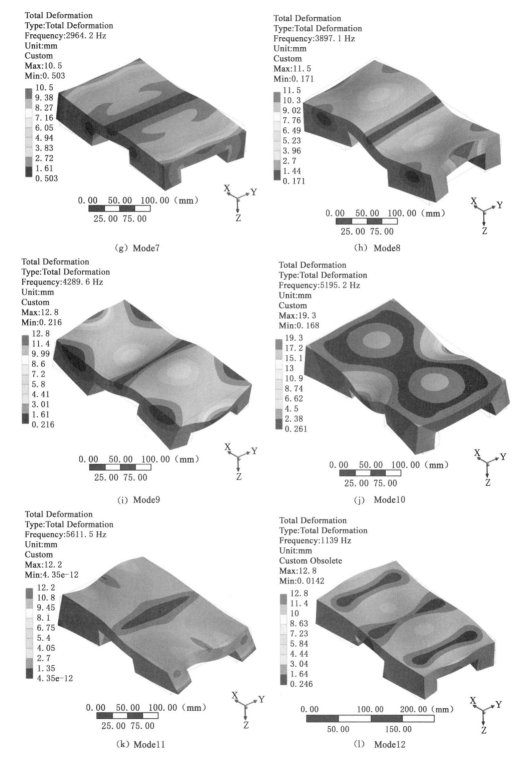

图 7-5 （续）

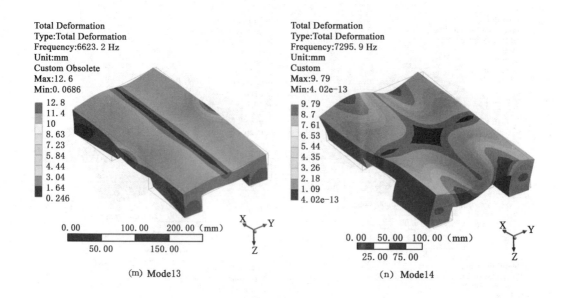

(m) Mode13　　　　　　　(n) Mode14

图 7-5　（续）

7.2　线轨滑台模态参数识别实验

　　获得线轨滑台模态分析的实验步骤主要包括：

　　（1）搭建线轨滑台实验系统；

　　（2）实验数据采集及分析；

　　（3）识别线轨滑台的模态参数；

　　（4）对实验所得的线轨滑台模态参数进行分析。

7.2.1　搭建线轨滑台实验系统

　　本文搭建的线轨滑台模态分析实验系统如图 7-6 所示，主要包括线轨滑台、传感器、激振器、数据采集系统、数据分析软件。实验流程如图 7-7 所示。本次实验对象线轨滑台总体尺寸不大，且结构不复杂，激振器选择操作简单灵活的脉冲锤。根据前述有限元分析结果可见，实验对象的理论模态分析得到了较大的一阶固有频率，约为 1 100 Hz，因不锈钢锤能激励出更高频率的信号，因此给脉冲锤选择不锈钢锤头。本次实验结果为 4 次脉冲激振的平均值，目的是保证激励信号有同样的能量，实验结果更可靠。实验所选的模态力锤型号为 DYTRAN5804BICP，其传感器连接 1 通道，灵敏度 2.28 mv/N。选择的传感器为 12 个点的型号为 DYTRAN3035BGICP 的传感器，该类传感器为单轴压电式传感器，测点选择设置在线轨滑台表面上，12 个点分三排均匀分布，各通道灵敏度情况如表 7-5 所示。激励方向与被测线轨滑台表面垂直，采用激励 7 号点，而 12 个点响应的方式，实验中数据采集工作由型号为 m＋p VibRunner 32Ch 的数据采集仪及 S0 Analyzer 数据采集与分析系统完成。

图 7-6 线轨滑台实验系统

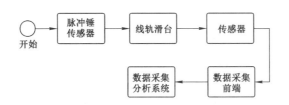

图 7-7 实验流程图

表 7-5 本实验系统传感器各通道灵敏度

通道	2	4	6	8	10	12
灵敏度/(mv/g)	100.81	101.38	101.48	97.18	97.13	97.06
通道	3	5	7	9	11	13
灵敏度(mv/g)	97.04	103.82	102.2	98.55	100.47	105.46

根据前述有限元分析过程,计算时将导轨与滑块之间的结合面用弹簧单元代替,弹簧单元另一端固定,对滑台和滑块进行模态分析。而实验中导轨固定,主要测试对象为线轨滑台与滑块的模态,这与有限元分析的设置基本一致,因此接下来的结果对比可行。

7.2.2 实验数据采集

传感器灵敏度根据前面所述进行设置,将测点与压电传感器相匹配,并采用脉冲锤力信号触发,实验数据采集阶段,将采样频率设置为有限元分析的固有频率的 2.56 倍,设置的采样频率范围为 0~12 800 Hz,取 4 次激励与被测结构监测点的响应的平均值,具体设置如图 7-8 所示。

图 7-9 所示为实验中建立的线轨滑台简化几何模型,其中设置结点 16 个(13 到 16 结点为固定约束),形成 12 个三角形面以及 27 条线。将通道 2~13 号的频率响应函数与建立的 1~12 号结点相匹配,设置完参数即可开始实验,并将实验数据进行采集整理。

对实验过程中被测对象模态参数的识别分别采用三种时域模态参数识别和四种频域模态参数识别方法,利

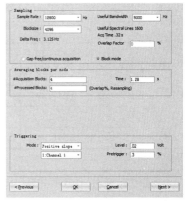

图 7-8 实验参数设置

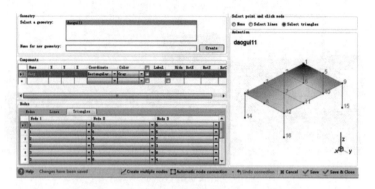

图 7-9　实验中建立的线轨滑台简化几何模型

用 MATLAB 对时域和频域模态参数识别方法进行编程,得到相对位置不同的两点:7 号点和 12 号点的时域模态参数识别结果如表 7-6。

表 7-6　时域模态参数识别结果

方法		ARMA 模型时序法		复指数法		STD 法	
阶数		固有频率/Hz	阻尼比	固有频率/Hz	阻尼比	固有频率/Hz	阻尼比
7 号测点	1	1 032.06	0.027 7	1 029.91	0.042 7	1 023.52	0.044 6
	2	1 516.01	0.076 5	1 525.79	0.064 4	1 524.06	0.069 5
	3	1 735.39	0.073 7	1 695.39	0.078	1 688.31	0.077 1
	4	2 643.01	0.005 4	2 637.62	0.004 9	2 637.53	0.004 9
	5	3 244.63	0.007 3	3 244.24	0.005 8	3 244.29	0.005 8
	6	4 171.58	0.030 7	4 177.14	0.020 2	4 177.47	0.020 2
	7	4 687.01	0.020 2	4 714.14	0.027 6	4 714.51	0.027 6
	8	4 983.22	0.062 3	5 006.25	0.042 3	5 009.34	0.042 6
	9	5 619.8	0.015 7	5 661.17	0.023 7	5 660.11	0.023 4
12 号测点	1	983.7	0.039	996.45	0.039	977.79	0.043
	2	1 575.98	0.026	1 581.09	0.022	1 579.73	0.024
	3	1 987.25	0.108	2 001.33	0.128	1 997.30	0.133
	4	2 618.04	0.017	2 621.39	0.015	2 621.13	0.015
	5	3 220.31	0.019	3 224.53	0.020	3 224.57	0.020
	6	4 005.58	0.085	3 998.11	0.075	4 000.38	0.074
	7	4 567.39	0.026	4 552.41	0.024	4 552.24	0.024
	8	4 942.4	0.047	4 941.01	0.039	4 945.19	0.038
	9	5 598.93	0.011	5 584.48	0.014	5 588.09	0.012

采用有理分式多项式法、最小二乘法、加权最小二乘法、导纳圆法四种频域模态识别方法分别对上述 7 号和 12 号被测点进行频率响应函数的模态参数识别,频域模态参数识别结果如表 7-7。根据表 7-6 和表 7-7 可见,不同的模态识别方法得到的结果有所不同,部分阶

模态会出现数据丢失或者虚假状态(表中高亮模态),但由于频率响应函数相对来说受实验过程中出现的干扰的影响更小一些,认为频域模态参数识别方法较时域模态参数识别方法更准确。

表 7-7 频域模态参数识别结果

方法		有理分式多项式法		导纳圆法		最小二乘法法		加权最小二乘法	
阶数		固有频率/Hz	阻尼比	固有频率/Hz	阻尼比	固有频率/Hz	阻尼比	固有频率/Hz	阻尼比
7号测点	1	1 055.84	0.019 1	799.44	0.005 7	1 000.41	0.010 8	1 000.51	0.011 1
	2	1 439.26	0.022 9	1 363.53	0.002 8	1 499.33	0.010 8	1 498.85	0.011 0
	3	1 639.88	0.014 4	1 696.62	0.002 4	1 799.54	0.011 3	1 799.31	0.012 4
	4	2 631.53	0.012 9	1 984.72	0.002 8	2 099.96	0.010 4	2 099.94	0.010 7
	5	3 236.82	0.011 5	2 508.77	0.001 2	2 500.49	0.001 07	2 500.73	0.011 1
	6	4 280.36	0.089 3	3 008.08	0.006 8	3 000.55	0.010 8	3 001.04	0.011 7
	7	4 280.56	0.004 0	3 516.57	0.000 9	3 499.61	0.010 6	3 499.19	0.011 3
	8	4 527.43	0.028 1	4 001.46	0.007 8	4 000	0.010 2	3 999.96	0.010 4
	9	4 831.92	0.010 3	4 305.03	0.010 4	4 300.02	0.01	4 299.92	0.01
12号测点	1	799.48	0.003 8	803.05	0.017 5	1 000.38	0.010 5	1 000.1	0.010 2
	2	1 058.65	0.020 6	1 491.13	0.004 2	1 500.87	0.013 5	1 500.4	0.011 5
	3	1 569.91	0.010 7	1 760.01	0.001 8	1 800.18	0.010 7	1 800.06	0.010 3
	4	2 631.04	0.018 9	2 008.65	0.001 6	2 100.08	0.010 1	2 100.04	0.01
	5	3 229.63	0.015 6	2 515.56	0.001 2	2 501.69	0.012	2 500.72	0.010 8
	6	3 514.06	0.020 3	2 988.34	0.002 4	2 998.48	0.011	2 999.44	0.010 4
	7	4 045.20	0.026 4	3 496.38	0.000 9	3 500.06	0.010	3 499.99	0.010
	8	4 640.81	0.016 5	4 000.71	0.000 8	3 999.99	0.010	3 999.98	0.010
	9	4 864.09	0.004 3	4 302.29	0.000 7	4 299.88	0.010 1	4 299.96	0.010

考虑以上模态识别方法所得结果出现数据丢失及虚假模态的现象,本实验最终选择德国 m+p international SO Analyzer 软件中的高级 MDOF 模态参数识别采集数据,该方法在第一阶段采用了时域多参考点算法进行识别,第二阶段则采用频域多参考点算法进行数据采集。如表 7-8 所示为最终模态参数识别结果。

表 7-8 线轨滑台模态实验识别结果

模态	1	2	3	4	5	6	7	8
频率/Hz	1 057.15	1 448.70	1 632.96	1 923.54	2 247.9	2 632.27	3 241.12	4 328.66
阻尼比	0.018 3	0.020 2	0.011 8	0.011 3	0.016 5	0.014 7	0.011 2	0.014 6
模态相位共线性	0.842 3	0.766 9	0.722 0	0.965 7	0.519 2	0.941 4	0.987 8	0.978 5
平均相位偏差	5.183 5	17.125 5	24.036 7	9.686 6	39.62	11.449 7	3.679 0	5.452 1
复杂性	0.925 4	0.902 2	0.811 3	0.939 8	0.650 6	0.936 2	0.965 1	0.937 8

为验证实验数据的有效性,对模态参数结果求解模态置信准则(MAC)矩阵,对应的实验模态 MAC 图见图 7-10 所示。图 7-10 中对角线取值为 1,非对角线取值均小于 1 且取值普遍很小,说明各阶模态之间相互独立性好,而同时又存在很好的自身相关性。

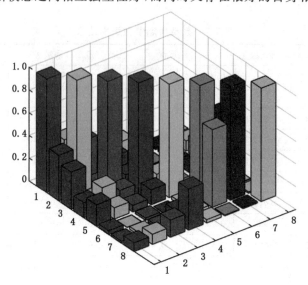

图 7-10　实验模态 MAC 图

7.2.3　理论与实验结果对比分析

根据表 7-9,用第 4 章理论模型给出的参数进行有限元模态分析得出的固有频率与实验得出的线轨滑台的前 8 阶固有频率进行对比,可见两种结果误差(%)最大出现在第七阶模态,为 −9.2%,误差(%)最小值出现在第五阶模态,为 +2.02%,前八阶模态固有频率之间的误差(%)均小于 10%,在合理范围内。

表 7-9　基于第 4 章理论模型的有限元模态与实验模态固有频率对比

模态阶数	实验模态固有频率/Hz	理论模态固有频率/Hz	误差/%
Mode1	1 057.15	1 139.0	7.75
Mode2	1 448.70	1 352.9	−6.61
Mode3	1 632.96	1 543.9	−7.23
Mode4	1 923.54	1 888.4	−4.21
Mode5	2 247.90	2 368.6	2.02
Mode6	2 632.27	2 434.1	−7.5
Mode7	3 241.12	2 942.9	−9.2
Mode8	4 328.66	4 058.3	−6.2

根据表 7-10,用第 6 章理论模型给出的参数进行有限元模态分析得出的固有频率与实验得出的线轨滑台的前 8 阶固有频率进行对比,可见两种结果误差(%)最大出现在第八阶模态,为 −9.97%,误差(%)最小值出现在第四阶模态,为 −1.83%,前八阶模态固有频率之间的误差(%)均小于 10%,在合理范围内。

表 7-10   基于第 6 章理论模型的有限元模态与实验模态固有频率对比

模态阶数	实验模态固有频率/Hz	理论模态固有频率/Hz	误差/%
Mode 1	1 057.15	1 018.7	−3.64
Mode2	1 448.70	1 319.4	−8.93
Mode3	1 632.96	1 514.1	−6.01
Mode4	1 923.54	1 842.5	−1.83
Mode5	2 247.90	2 293.3	5.37
Mode6	2 632.27	2 416.5	−8.20
Mode7	3 241.12	2 964.2	−8.54
Mode8	4 328.66	3 897.1	−9.97

表 7-11 为基于第 4 章和第 6 章理论模型进行的有限元模态分析得到的线轨滑台模态振型图与实验给出的同阶振型图分别做对比,根据对比图可见每阶振型一致性均较高,验证了本文第 4 章、第 6 章给出的两种理论模型的精确性。

表 7-11   本文模态与实验模态振型对比

实验模态	理论模态(第 4 章)	理论模态(第 6 章)
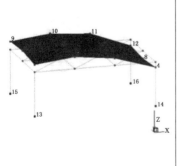	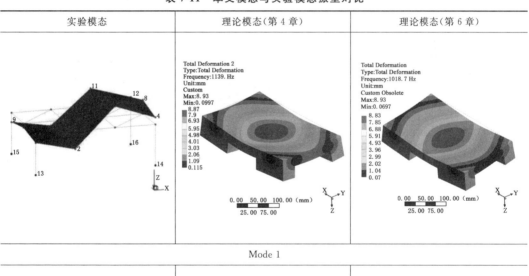	

Mode 1

| | 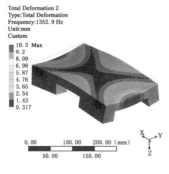 | 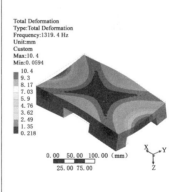 |

表 7-11(续)

实验模态	理论模态(第 4 章)	理论模态(第 6 章)

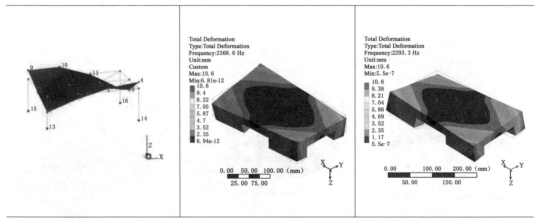

表 7-11(续)

实验模态	理论模态(第 4 章)	理论模态(第 6 章)

Mode5

Mode6

Mode7

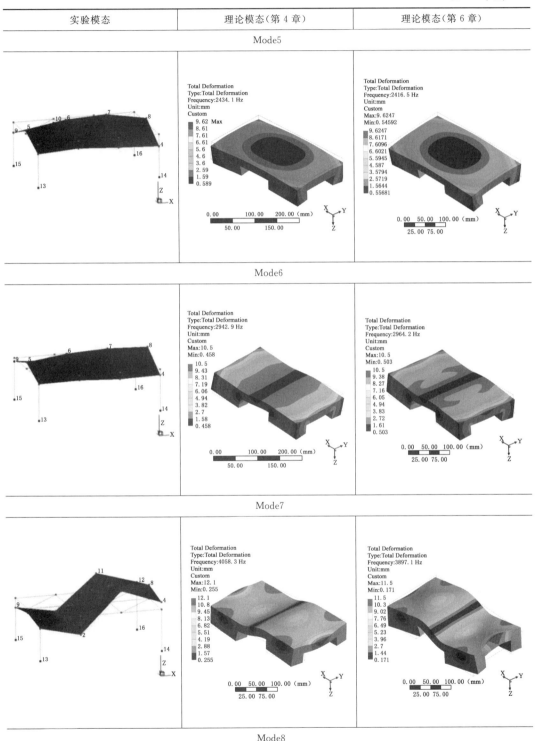

Mode8

图 7-11 所示为根据本研究第 4 章和第 6 章所建立的理论模型而获得的线轨滑台理论

固有频率与线轨滑台实验固有频率变化趋势的对比。可见在前八阶模态时三种情况得到的固有频率变化趋势一致,且在前五阶时三种固有频率值非常接近,较高阶时误差有所增大,主要是因为理论模型建立时,不能完全将实际结合面的真实接触情况描述出来,比如微凸体间的相互作用等,因考虑的接触状态不全从而导致不同的理论模型误差。通过有限元分析结果可见,第 4 章建立的理论模型得到的高阶固有频率增长趋势较为符合实验增长趋势,而第 6 章建立的理论模型得到的高阶固有频率增长略为变缓,差值有所增大,故目前来看第 4 章建立的理论模型与实际更加贴近,在今后的研究中可将两章内容结合,研究一种新的理论模型,预期更为接近实验值。

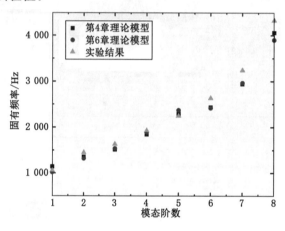

图 7-11　理论模型固有频率变化趋势与实验对比

7.3　本章小结

首先,对 JNYOLRS250 系列型号为 LRS250×560 的线轨滑台建立简化了的有限元分析模型,根据第 4 章、第 6 章建立的结合面法向接触刚度分形理论模型得出的刚度进行有限元模态分析,分别得出线轨滑台前 14 阶的模态,对两种理论模型的有限元模态分析结果对比,验证其有效性。

其次,对该线轨滑台进行模态参数识别实验,得到线轨滑台前八阶模态的固有频率和相应的振型并通过计算验证实验所得数据的有效性和准确性。

最后,把有限元分析的两组结果与实验所得线轨滑台模态固有频率和振型分别进行对比,得到两组前八阶模态固有频率的误差,且误差均在 10% 以内,说明本文建立的结合面法向接触刚度分形理论模型较为准确。根据对比,三种情况时的固有频率变化趋势均一致,且低阶模态时三种情况的固有频率值非常接近,高阶模态时第 4 章理论模型较第 6 章理论模型对应的固有频率更接近于实验值。

参 考 文 献

[1] SOOM A,SERPE C I. Normal stiffness and damping at lightly loaded rough planar contacts[J]. Tribology International,2016,100:171-177.

［2］陈永会,张学良,温淑花,等.考虑弹塑性阶段的结合面法向接触阻尼分形模型[J].机械工程学报,2019,55(16):58-68.

［3］陈永会.考虑弹塑性变形机制的结合面法向接触特性建模与试验验证[D].太原:太原科技大学,2020.

8 基于多尺度特征的结合面接触阻尼机理探讨

8.1 引　言

机械结构中存在大量的机械结合面,然而在法向动态载荷作用下这些结合面会产生微小的相对线位移或角位移,使结合面既存储能量又消耗能量,表现出既有弹性又有阻尼,即体现为接触刚度和阻尼的形式,严重影响机械结构的动静态特性[1]。在机床或其他机械设备运行中,零部件之间的结合面会受到动载荷的作用,并在接触面间产生微小的动态变形,这样的动态变形产生的能量一部分通过动态接触刚度储存起来,而另一部分能量则会通过接触阻尼损耗掉。研究表明,机床中各零件材料内部的阻尼比仅为 $0.005\sim0.010$,而一台机床整机的总阻尼比为 $0.1\sim0.6$,也就是说机械结合面带来的接触阻尼远远大于机械本身的阻尼,诸如机床、齿轮箱等机器中,其总阻尼的 90% 以上均来源于结合面接触阻尼,所以研究结合面接触阻尼对研究机械结构的动静态接触特性有重要的意义[2-5]。结合面的接触阻尼是结合面动态特性参数,与机械结构的振动特性密切相关,可以通过机械结构的振动试验或理论计算获取。对接触阻尼的研究主要是针对实际机械结构从宏观角度对结合面特性进行试验研究,通过试验模态分析或频率响应分析间接进行参数识别。但是,试验方法的特点是试验量要大、针对性太强,这样就使得结果可靠性很难保证、通用性较差。

本章是在前面机械结合面多尺度接触刚度研究的基础上对结合面接触阻尼机理进行探讨,以期为今后进一步进行结合面接触特性的研究提供一定的理论依据。

8.2 结合面接触阻尼机理

戴德沛在文献[6]中分析研究前人关于结合面阻尼机理研究结果的基础上,对截面阻尼机理进行了全面的总结。

8.2.1 结合面不同状况下的分析与讨论

（1）结合面间存在油膜的情况

在固定的或滑动的结合面之间存在油膜时有两种情况,一种是两个金属表面完全被油膜隔开,另一种是两个金属表面保持着接触,但是在表面不平度的波谷处存在着油膜。对于存在油膜的结合面,黏性被认为是耗能的原因。这是因为这类结合面的阻尼值随频率的增加而增加,也随油的黏度的增加而增加。另外一个现象是阻尼值随着结合面之间面压的增加而减小,面压增加以后使金属表面不平度的波峰中有更多的峰穿透了油膜而形成金属的接触,这样就减少了表面的相对运动,所以粗糙的表面之间的结合面阻尼也较小。总之,存在油膜的结合面,最大的能量耗损是在这样的状况下取得的:结合面之间有较低的面压,较小的表面粗糙度以及较高的油膜黏度。可是结合面之间面压较低的结构,其刚度也低,这一点对于提高结构的抗震性来说是矛盾的。

（2）结合面间不存在油膜的情况

不存在油膜的状况下，结合面阻尼的产生原因，存在着不同的意见。一种意见是将接触区的波峰假设为类似因面压而焊接在一起，能量耗损是在这一局部区域的剪切应变所造成的。另一种意见则不同意接触区域会焊接成一体，因为结合面接触区腐蚀磨耗中发现有氧化层的形成，而且在正常的结合面面压下，如螺钉连接的结合面所产生的结合面面压，不可能产生金属焊接这样的情况。在结合面不存在油膜的情况下，法向的交变力使结合面之间耗能很小，而切向交变力则损耗振动能量而形成阻尼作用。

（3）结合面的接触状况

结合面接触状况的说明和解释对于研究能量损耗机理是关系密切的。通常将接触面看成是球面、椭圆面、圆柱面的接触，这只能模拟低面压并在结合面之间存在着相对滑动的状况。对于像用螺钉连接而产生较大面压的结合面，接触区的波峰产生显著的弹性变形和局部的塑性变形，像是两接触面在接触区域存在着互相嵌埋的状况。这是结合面阻尼的产生不得不考虑的一种实际状况。

（4）结合面的面压及网纹状况

在学者们研究结合面的耗能与摩擦系数的关系时出现了混乱。有人通过实验认为摩擦系数越大则耗能越小；而另一种结论则正好相反，认为损耗的能量正比于摩擦系数；第三种意见则认为结合面耗能与摩擦系数无关。之所以会产生这样大的分歧主要有两个原因：一个是上述结论是在完全不同的面压下取得的，面压大小对结合面阻尼有着不可忽视的影响，离开了面压这一带有决定性的条件来讨论结合面阻尼问题，就不可避免要陷入混乱。面压由小到大，阻尼的产生机理是不同的；二是结合面之间的网纹方向及其他重要因素的影响。

8.2.2 结合面接触阻尼产生的原因

结合面阻尼产生的原因可以按照结合面所受面压的大小状况进行探讨[7]：

（1）宏观的移动

在结合面所受面压较低的情况下，结合面之间受动态力后产生了宏观的移动，相对移动自然会使得形成结合面的两接触表面之间产生干摩擦（库伦摩擦）。宏观的移动包括直线平移及结合面内的转动，它们分别是由剪切力及扭矩所造成的。这时结合面之间的能量损耗是服从库伦定律的摩擦耗能。

（2）微观的移动

当结合面之间所受面压增大，首先在表面不平的峰顶部分产生弹性变形，继续增加面压，形成结合面的两个表面中材料较软的接触表面接触部分随之达到屈服强度，开始产生塑性变形，这时，就好像是一种材料嵌入到另一种材料内部，切向交变力便不足以使结合面之间产生宏观的移动。但是，各不平度峰顶接触部分的相互嵌入并不能阻止结合面受切向力后产生微量的位移，尤其是在交变力的作用下，结合面之间将产生交变的、微观的移动，这一方式所产生的阻尼效能比宏观移动的阻尼效能要大得多。但是，就本质上来讲，这种阻尼仍然属于库伦摩擦所产生的阻尼。

（3）周期性的迟滞变形

结合面在受到切向交变力作用时，将产生交变的切向位移，而且切向交变力和切向交变位移之间形成一封闭的回线,回线包围的面积就是切向交变力和切向交变位移在一个周期中损耗的能量。结合面之间的这种变形称为周期性迟滞变形,它是结合面阻尼产生的又一种原因,而且是最重要的一种原因。

上述三种结合面阻尼产生的原因都可以统归为摩擦耗能机理产生的阻尼,或称为摩擦阻尼,并应把它理解为广义的摩擦阻尼作用,因而称之为广义摩擦阻尼。

8.3 结合面接触阻尼理论模型的建立

当在结合面静态载荷基础上施加动态载荷时,会引起结合面上微凸体变形量的波动,可认为动态变形为静态变形基础上的扰动。利用泰勒公式将静态接触载荷和接触刚度展开,可得动态载荷增量及动态刚度增量,从而根据动态载荷增量与位移之间的关系,可得动态接触载荷下的能力损耗,利用粘性阻尼等效模型,可求得法向接触阻尼。

根据前面内容中的等效,当结合面中的刚性平面与等效粗糙表面之间发生法向相对振动时,微凸体在接触区内产生相应动态接触载荷和接触变形,由于弹塑性和塑性变形阶段加-卸载曲线不完全重合,形成迟滞回线包围的面积,该面积的大小表示在此过程中消耗的振动能量,这种能耗机理是产生结合面接触阻尼的主要原因之一。结合面在法向动态简谐激励下的某一周期内,加-卸载载荷增量与微凸体发生动态变形曲线所形成的迟滞面积可以表达为一个周期的能力耗损[8]。

(1) 单个微凸体弹性、塑性应变能

弹性接触区单个微凸体弹性应变能为:

$$w_{ne} = \int_0^{\omega_n} f_{ne} d\omega_n = \int_0^{\omega_n} \frac{4}{3} E' R_n^{1/2} \omega_n^{3/2} d\omega_n = \frac{8}{15} E' R_n^{1/2} \omega_n^{5/2} \tag{8-1}$$

第一弹塑性接触区单个微凸体应变能为:

$$w_{nep1} = \int_0^{\omega_n} f_{nep1} d\omega_n = \int_0^{\omega_n} 1.373 E'^{0.85} R_n^{0.575} \omega_n^{1.425} \left(\frac{3\pi KH}{4}\right)^{0.15} d\omega_n$$
$$= 0.566\,2 E'^{0.85} R_n^{0.575} \omega_n^{2.425} \left(\frac{3\pi KH}{4}\right)^{0.15} \tag{8-2}$$

$$w_{nep2} = \int_0^{\omega_n} f_{nep2} d\omega_n = \int_0^{\omega_n} 1.87 E'^{0.526} R_n^{0.737} \omega_n^{1.263} \left(\frac{3\pi KH}{4}\right)^{0.474} d\omega_n$$
$$= 0.826\,3 E'^{0.526} R_n^{0.737} \omega_n^{2.263} \left(\frac{3\pi KH}{4}\right)^{0.474} \tag{8-3}$$

塑性接触区单个微凸体塑性应变能为:

$$w_{np} = \int_0^{\omega_n} f_{np} d\omega_n = \int_0^{\omega_n} 2\pi H R_n \omega_n d\omega_n = \pi H R_n \omega_n^2 \tag{8-4}$$

(2) 结合面弹性接触区产生的弹性应变能

根据前面的研究内容,将尺度级数分为四个范围,分别进行研究。当尺度级数为 $n_{min} < n \leqslant n_{ec}$ 时,结合面在该阶段产生的弹性应变能为:

$$W_{e1} = \sum_{n=n_{min}}^{n_{ec}} \int_0^{a_{nl}} N n(a_n) w_{ne} da_n \tag{8-5}$$

当尺度级数为 $n_{ec} < n \leqslant n_{epc}$ 时,结合面在该阶段产生的弹性应变能为:

$$W_{e2} = \sum_{n=n_{ec}+1}^{n_{epc}} \int_0^{a_{nec}} Nn(a_n) w_{ne} da_n \tag{8-6}$$

当尺度级数为 $n_{epc} < n \leqslant n_{pc}$ 时，结合面在该阶段产生的弹性应变能为：

$$W_{e3} = \sum_{n=n_{epc}+1}^{n_{pc}} \int_0^{a_{nec}} Nn(a_n) w_{ne} da_n \tag{8-7}$$

当尺度级数为 $n_{pc} < n < n_{max}$ 时，结合面在该阶段产生的弹性应变能为：

$$W_{e4} = \sum_{n=n_{pc}+1}^{n_{max}} \int_0^{a_{nec}} Nn(a_n) w_{ne} da_n \tag{8-8}$$

可见，结合面弹性接触区产生的弹性应变能为：

$$W_e = W_{e1} + W_{e2} + W_{e3} + W_{e4} = \sum_{n=n_{min}}^{n_{ec}} \int_0^{a_{nl}} Nn(a_n) w_{ne} da_n + \sum_{n=n_{ec}+1}^{n_{max}} \int_0^{a_{nec}} Nn(a_n) w_{ne} da_n \tag{8-9}$$

（3）结合面塑性接触区产生的塑性应变能

同样的，分别针对尺度级数的四个范围进行研究，很显然只有在第四尺度级数范围时会发生完全塑性变形，可以得到结合面塑性接触区产生的塑性应变能为：

$$W_p = \sum_{n=n_{pc}+1}^{n_{max}} \int_{a_{npc}}^{a_{nl}} Nn(a_n) w_{np} da_n \tag{8-10}$$

因此，结合面间的阻尼损耗因子为：

$$\eta = \frac{W_p}{W_e} = \frac{\displaystyle\sum_{n=n_{pc}+1}^{n_{max}} \int_{a_{npc}}^{a_{nl}} Nn(a_n) w_{np} da_n}{\displaystyle\sum_{n=n_{min}}^{n_{ec}} \int_0^{a_{nl}} Nn(a_n) w_{ne} da_n + \sum_{n=n_{ec}+1}^{n_{max}} \int_0^{a_{nec}} Nn(a_n) w_{ne} da_n} \tag{8-11}$$

将结合面的法向接触动力学特性等效为弹簧和黏性阻尼器，因此其法向接触动力学模型如图 8-1 所示。于是有：

$$F(t) = K_n x(t) + C_n x(t) \tag{8-12}$$

其中，$F(t)$ 为作用于结合面的法向动态接触载荷；K_n 为结合面法向接触刚度；$x(t)$ 为结合面法向动态接触相对位移；C_n 为结合面法向接触阻尼。

令 $F(t) = F_n \cos \omega t$，则 $x(t) = X_n \cos(\omega t - \theta_n)$（此处 ω 为结合面受迫振动的圆频率），可以得到结合面法向接触阻尼损耗因子 η 为[9]：

$$\eta = \frac{W_p}{W_e} = \frac{|f_c x(t)|}{|f_k x(t)|} = \frac{C_n \omega}{K_n} \tag{8-13}$$

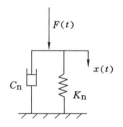

图 8-1　结合面动力学模型

于是可以得到结合面法向接触阻尼为：

$$C_n = \frac{\eta K_n}{\omega} = \frac{K_n \displaystyle\sum_{n=n_{pc}+1}^{n_{max}} \int_{a_{npc}}^{a_{nl}} Nn(a_n) w_{np} da_n}{\omega \displaystyle\sum_{n=n_{min}}^{n_{ec}} \int_0^{a_{nl}} Nn(a_n) w_{ne} da_n + \sum_{n=n_{ec}+1}^{n_{max}} \int_0^{a_{nec}} Nn(a_n) w_{ne} da_n} \tag{8-14}$$

8.4 本章小结

本章概述了现有结合面阻尼耗能机理,在此基础上阐述了以下内容:

(1) 结合面宏观滑移库伦摩擦阻尼耗能机理是机械结构阻尼产生的主要原因。

(2) 固定结合面周期性迟滞变形阻尼耗能机理的本质是结合面间的微观滑移。因此,结合面间的微观滑移是固定结合面阻尼产生的主要原因。

(3) 结合面面压是影响结合面阻尼的一个主要原因。

(4) 结合面微观局部撞击阻尼耗能机理是对以结合面微观滑移摩擦阻尼耗能机理为主的固定结合面阻尼耗能机理的辅助与补充,这一观点使固定结合面阻尼耗能机理更趋于完善。

(5) 基于结合面多尺度接触特征,提出了建立结合面接触阻尼分形理论模型的方法。

参 考 文 献

[1] 温淑花.结合面接触特性理论建模及仿真[M].北京:国防工业出版社,2012.

[2] PADMANABHAN K K. Prediction of damping in machined joints[J]. International Journal of Machine Tools and Manufacture,1992,32(3):305-314.

[3] ZHANG G P,HUANG Y M,SHI W H,et al. Predicting dynamic behaviours of a whole machine tool structure based on computer-aided engineering[J]. International Journal of Machine Tools and Manufacture,2003,43(7):699-706.

[4] QU C N,WU L S,MA J F,et al. A fractal model of normal dynamic parameters for fixed oily porous media joint interface in machine tools[J]. The International Journal of Advanced Manufacturing Technology,2013,68(9/10/11/12):2159-2167.

[5] ZHANG X L,WANG N S,LAN G S,et al. Tangential damping and its dissipation factor models of joint interfaces based on fractal theory with simulations[J]. Journal of Tribology,2014,136(1):1-10.

[6] 戴德沛.阻尼减振降噪技术[M].西安:西安交通大学出版社,1986.

[7] (英)F. 柯尼希贝格等(F. Koenigsberger)著,金希武等译. 机床结构[M].北京:机械工业出版社,1982.

[8] 傅卫平,娄雷亭,高志强,等.机械结合面法向接触刚度和阻尼的理论模型[J].机械工程学报,2017,53(9):73-82.

[9] 陈永会.考虑弹塑性变形机制的结合面法向接触特性建模与试验验证[D].太原:太原科技大学,2020.